Hágalo usted mismo

SOLADO Y ALICATADO

Marcel GUEDJ

susaeta ediciones s.a.

FOTOGRAFÍAS: P. Vanhaecke, C. Pessey

Campezo, s/n - 28022 Madrid (España)
Versión castellana: Rosana Olaizola
I.S.B.N. 84-305-7520-0
Printed in Spain

LAS HERRAMIENTAS DEL EMBALDOSADOR

La colocación de azulejos y baldosas no exige una gran cantidad de herramientas, ni deben ser éstas particularmente especializadas. Sin embargo, este trabajo exige una preparación minuciosa de los soportes (paredes y suelos en particular) que se van a embaldosar. A menudo se suele recurrir a las herramientas de albañilería para reparar los defectos de los suelos o paredes a cubrir o para crear unos de nuevos.

PREPARAR LAS BASES

Aunque las baldosas o los azulejos pueden tolerar las pequeñas imperfecciones de la albañilería, exigen, sin embargo, unas bases perfectamente planas, exentas de humedad, sólidas y estables. Realice un examen minucioso del estado de la obra: según las intervenciones que tiene que realizar, procúrese el material y el utillaje necesario.

LAS PAREDES

Puede ignorar los pequeños agujeros, pero los más importantes, como las fisuras, deben cubrirse.

Para ello necesitará un rascador triangular, que, debido a su forma, se puede introducir hasta el fondo de la fisura para quitar las partes desmenuzables. También necesitará cuchillos de pintor de diferentes grosores para hacer penetrar el revoque dentro de las fisuras, o para retirar la pintura vieja que se desprende, o para extender el calicó que recubrirá las fisuras.

Si la pared está empapelada, para quitar el papel pintado convendrá utilizar

un tornero de vapor (si no posee esta máquina, puede alquilarla), pues le facilitará mucho el trabajo.

Por otra parte, los defectos de la obra también pueden ser consecuencia de la humedad; habrá que determinar la causa para realizar el tratamiento pertinente. No es suficiente con eliminar la salitre que se forme en la pared; insistimos en que se debe buscar el porqué y resolver el problema. Sin un tratamiento adecuado la humedad puede estropearle toda la obra, ya que con seguridad volverá a aflorar una vez colocados los azulejos o baldosas. Si no se ve capaz de resolver este problema, acuda a un especialista.

Pasar un endurecedor (con la ayuda de un cepillo o un rodillo) sobre los materiales más porosos, como el yeso o los ladrillos.

EL SUELO

Cuando se construye una pieza hay que realizar el suelo, que servirá de soporte y recibirá, por tanto, el revestimiento elegido. Realizar un enlosado es, ciertamente, un trabajo importante. Puede realizarlo un amateur si sigue algunas instrucciones, la primera de las cuales es encontrar las técnicas precisas con la ayuda de productos y herramientas específicas: la hormigonera, los elementos que conforman el hormigón (arena, grava, cemento), las llanas, paletas, niveles, etc.

Si el suelo de hormigón ya está edificado, examinarlo. Seguramente habrá que realizar encima una capa con productos de revestimiento para tapar las pequeñas diferencias de nivel. Limar las asperezas con una aplanadera y con un cincel. También debe cerciorarse de que no hay humedad, ya que si aflora del suelo puede tener consecuencias verdaderamente catastróficas.

COLOCACIÓN DE BALDOSAS

La colocación de azulejos o baldosas se realiza en tres tiempos: el extendido de la cola o del cemento (según el tipo de colocación); la posición de las baldosas, que implica cortar las de los bordes; y la realización de las juntas.

Durante la colocación de las baldosas se tendrá que conservar entre ellas una distancia regular, espacio que ocuparán las juntas. Para ello, puede intercalar palillos o pequeños trozos de cartón entre cada baldosa, aunque lo mejor es utilizar una varilla de separación especial. A medida que se van colocando las baldosas, se deben ir encolando para que se adhieran correctamente. Las herramientas más adecuadas serán: una paleta o espátula dentada para extender la cola o argamasa y el mango de un martillo o de la misma paleta para afirmar la baldosa. Si realiza una colocación empotrada (sobre el cemento) se usarán las herramientas necesarias para la realización de un enlosado.

Para cortar una baldosa utilice una plantilla para baldosas cuando el material a cortar sea muy fuerte, y una tenaza en el caso que el material a cortar sea menos resistente.

Las juntas se efectúan con una lechada de cemento. Este producto se extiende sobre la superficie de losas con un rascador de caucho: penetra en los espacios reservados entre las baldosas. Antes de que se seque por completo, debemos retirar las varillas especiales.

Al acabar, un poco de serrín y arpillera húmeda permitirán eliminar los restos de cemento. En la pared, será suficiente con una esponja húmeda.

→

Material necesario para la preparación de las bases y la colocación de baldosas y azulejos.

CARRELAGE
super ciment
colle
SAK-MIX
super barbotine
pour
jointoyer
carrelages
faïences, etc.

¿QUÉ TIPO DE BALDOSAS DEBEMOS ESCOGER?

Si ha decido embaldosar la entrada, o una habitación, una parte de la pared de la cocina o del baño, se deberá trazar un plan de trabajo. Muy bien. ¿Pero qué tipo de baldosa o azulejo se debe escoger para éste o áquel trabajo? Es una cuestión que contestaremos en seguida antes de que empiece a considerar, de forma totalmente comparativa, las diferentes gamas y multitud de productos que encontrará en el mercado.

No es suficiente con tener buen gusto para elegir las baldosas más convenientes. No se deje llevar por esta tendencia (bien natural) que a veces nos hace dejar a un lado las cuestiones prácticas en beneficio de la estética. Una baldosa bonita puede ser también una buena baldosa si la colocamos en el lugar adecuado. Y será muy difícil solucionar un error de elección, sobre todo si ya están colocadas. Es fácil imaginarse el porqué...

EL SURTIDO DE MATERIALES

No todas las baldosas o azulejos son iguales. La materia de la que están hechos, el procedimiento empleado para su fabricación, los acabados, le dan, según el caso, la resistencia al uso, a los choques, al hielo, a los agentes químicos, etc. Por otra parte, las técnicas contemporáneas, nacidas de la experiencia secular, pueden producir baldosas de todo tipo, combinando belleza y solidez.

UN POCO DE HISTORIA

El embaldosado es uno de los revestimientos más antiguos que se conoce. En la antigüedad, los objetos eran pequeñas obras de arte, como atestigua la cerámica antigua; por ejemplo, los griegos hacían de los interiores verdaderos pequeños museos del suelo o de las paredes recubiertas de magníficas composiciones, de las que restan todavía algunos vestigios.

Los Romanos siguieron los pasos de sus antepasados y enemigos. Desarrollaron con mucho éxito los métodos de fabricación de la cerámica y la difundieron todavía más. Las baldosas de cerámica, cuya producción va unida a la de la alfarería, conocieron una expansión que les llevó a ganar progresivamente los países vecinos (sin duda alguna con ayuda del ejército romano). No obstante, los azulejos y baldosas ya tenían una patria: Italia.

En Francia, no aparecieron hasta el siglo VIII. Desde el principio fueron considerados un material noble y precisamente por esta razón entraron a formar parte de la decoración de las capillas, iglesias y basílicas. Todavía quedan numerosos testimonios. Sin embargo se fueron suplantando, algunos siglos más tarde, por los parquets y quedaron relegados a las partes menos «aristocráticas» (cocinas, por ejemplo). En nuestros días están conociendo un auge que las ha hecho penetrar en todas las piezas de la casa.

LOS MÉTODOS DE FABRICACIÓN

La palabra «cerámica» proviene de un término griego que designa, según algunos lingüistas, al mismo tiempo «arcilla» y «alfarería». Desde entonces se aprecia el nacimiento común del arte de las baldosas y azulejos y el de la alfarería.

EL BARRO COCIDO

Para empezar diremos que las baldosas y azulejos se obtienen por la cocción de una pasta de arcilla y arena, a una temperatura de 900°C. Esto da lugar al material que conocemos por barro cocido. Tiene muchas utilizaciones (es suficiente citar los jarrones de flores tradicionales) y es un material muy apreciado en el revestimiento de los suelos.

LA VITRIFICACIÓN

Otros procedimientos sirven para mejorar las cualidades del barro cocido. Entre ellosdestaca la cocción a una temperatura más elevada (del orden de los 1300°C) que permite efectuar la «vitrificación» del material.

Este método, que tiene como consecuencia la fusión de la materia debido precisamente a la elevada temperatura, da como resultado un material impermeable.

Esta cualidad suplementaria abre nuevos horizontes a la utilización de las baldosas preparadas de esta manera.

De hecho, se debe saber que una baldosa porosa no se puede emplear en el exterior en las regiones donde hiela en invierno: el agua y la humedad penetran en el corazón del material y lo hace estallar por acción del hielo. Es por este motivo que las baldosas son consideradas una especialidad (y privilegio) de los países mediterráneos...

Según la temperatura de cocción, la vitrificación es más o menos parcial: al igual que la resistencia de la baldosa.

EL ESMALTADO, EL BARNIZADO

Otras técnicas completan (o reemplazan) los efectos de la vitrificación. Se trata, por ejemplo, del esmaltado que viene a recubrir la baldosa o azulejo y que le proporciona, en consecuencia, una cierta impermeabilidad. Es el caso de la loza. El esmalte que recubre el material se aplica de diversas maneras: remojo, pinceladas, pulverización, etc. Es un procedimiento superficial, la baldosa permanece porosa en el centro. Aunque mejorado, el material es frágil.

Un método conocido con el nombre de «mono-cocción», permite efectuar la vitrificación del material y al mismo tiempo darle una capa de esmalte. El resultado es una cerámica extremadamente resistente, como el gres esmaltado.

Otros procedimientos pueden darle a la baldosa un aspecto satinado o barnizado.

LA FORMACIÓN DE LAS BALDOSAS Y AZULEJOS

Sin entrar en detalles técnicos, que no tienen nada que ver con nuestro propósito, se tiene al menos que indicar los dos procedimientos básicos de formación de baldosas.

El primero de estos procedimientos se llama «estiramiento». Como su nombre indica, este método implica pasar la pasta de arcilla por una máquina que la estira. Esta pasta, cortada al tamaño deseado, se seca y seguidamente se cocerá.

El segundo consiste en moler un polvo proveniente de la pulverización de una pasta de arcilla cocida a muy altas temperaturas (es el caso del gres cerámico). Después de toda una serie de tratamientos, este polvo se amolda a las formas impuestas por la fabricación en serie. La ventaja de este procedimiento es que puede producir cerámicas de diseños diversos.

LOS DIFERENTES MATERIALES

A continuación abordaremos el amplio mundo de las baldosas y azulejos, donde los productos de formas, aspectos y cualidades diversas pueden clasificarse en ciertas categorías principales.

EL BARRO COCIDO

Es la cerámica más antigua, y por ello tiene algunos defectos relativos a los procedimientos de fabricación antiguos que no pueden competir con métodos modernos.

La temperatura de cocción (900°C) en particular, no permite que se realice la vitrificación. El barro cocido es entonces un material poroso que desaconsejamos para el exterior. Pero se le puede aplicar un tratamiento especial si se le quiere dar este uso. Es mejor, sin embargo, dirigir su elección a materiales más resistentes.

Dejando a parte estos inconvenientes, el barro cocido es muy apreciado

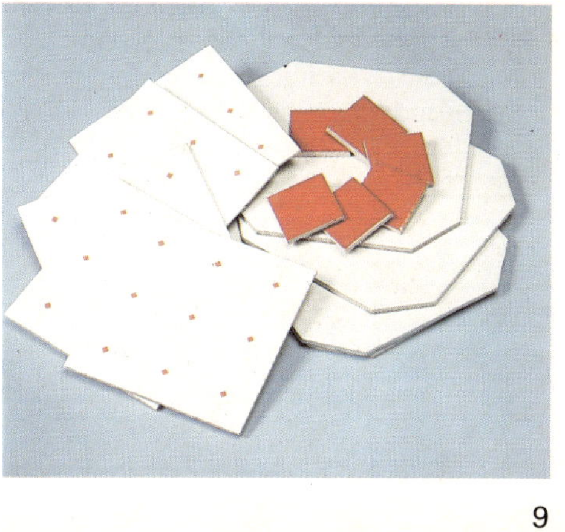

→

Es preferible no utilizar el barro cocido (arriba) en el exterior si no tiene un tratamiento especial contra el hielo. Mojarlo antes de colocarlo. Abajo, algunas baldosas para el suelo.

por su apariencia, que, en una habitación, sabrá recrear un ambiente parecido al de antaño. Armoniza perfectamente con el mobiliario rústico, pero es frágil y muy difícil de mantener.

LA LOZA

La loza es un material derivado del barro cocido que se obtiene por cocción a 1000°C y después se esmalta. Sin embargo, esta última operación, que le proporciona ese aspecto tan propio y característico, no la dota de las cualidades suficientes para poder ser utilizada en el exterior. Es en efecto impermeable, pero solamente en la superficie, por lo que es perfectamente utilizable para recubrir las paredes de baños o cocinas.

Aparte de su impermeabilidad, la loza, y en particular los elementos preparados que se comercializan hoy en día, ofrecen una buena resistencia al uso, el calor, y a los agentes químicos, lo que debería aumentar su campo de utilización.

Sin embargo, el éxito principal de las baldosas o azulejos de loza se debe a su aspecto estético, que revela una filiación con la mayólica italiana. Los decorados uniformes o en relieve, de un solo color o multicolores, se pintan sobre la baldosa una vez esmaltados. Una segunda cocción fija los colores y acaba de endurecer el esmalte.

Los esmaltes de Brie

Son parientes próximos a la pasta de vidrio, y se fabrican a partir del silicio. Normalmente se presentan en forma de mosaicos constituídos por elementos unidos sobre una trama (cuadrados, pastillas, hexágonos, etc.), son fáciles de colocar (con cemento-cola) por doble encolado (bases y soportes). Permiten crear suelos muy bonitos, tanto en el exterior como en el interior. Se utilizan sobre todo para los baños.

EL GRES CERÁMICO

No se debe confundir este tipo de gres con la roca que lleva este mismo nombre y que se conoce sobre todo por su uso en la construcción o realización de empedrados (gres rosa de Vosgos).

Las diferentes categorías de gres que le dan su nombre a las baldosas, y al gres cerámico, son el resultado de la mezcla de arcilla y silicio. La materia obtenida es tratada de diferentes maneras dando lugar a distintos materiales (gres cerámico, vitrificado, estirado, esmaltado o también semi-gres).

El gres cerámico es de los que ofrece mayor resistencia a los choques, al uso y a los agentes químicos. Sus cualidades se deben a un método de fabricación cuyo proceso se puede resumir de la siguiente manera: después de una cocción a una temperatura de 1300°C que vitrifica el material, se pulveriza y por último se muele. Esto permite realizar formatos extremadamente variados y con grandes cualidades técnicas.

Por todas estas razones, el gres cerámico vitrificado se utiliza tanto en exteriores como en interiores. Además podemos encontrarlo con tintes múltiples, uniforme, sombreado, flameado, enarenado, multicolor, el gres cerámico se integra en todas las partes de la casa y a todos los estilos de decoración.

EL GRES ESTIRADO

Como su nombre indica, al contrario que el gres cerámico obtenido por pulverización, el gres estirado se forma por estiramiento de la pasta de arcilla y silicio (la misma base que para el gres ce-

rámico). La pasta sale de una máquina con el espesor deseado después de pasar por un tubo de una sección determinada. A la salida, la pasta se recorta a la longitud deseada y se obtienen así las baldosas. Éstas se secan para cocerlas después, tratamientos idénticos que sufren las baldosas de gres cerámico vitrificado, después de un moldeado por presión del polvo.

El gres estirado presenta las mismas cualidades que el gres cerámico, pero con una resistencia al uso y a los agentes químicos ligeramente inferior. Es impermeable, por tanto puede usarse en el exterior y por su resistencia es un buen revestimiento para el suelo.

Desde el punto de vista decorativo, ofrece aspectos mates o brillantes, de un solo color o flameado. La fabricación puede dar a las baldosas formas irregulares que pueden seducir si se quiere obtener cierto aspecto rústico, pero que también puede presentar inconvenientes, en particular, en el momento de colocarlas y al realizar las juntas.

Un embaldosado alegre

El embaldosado apagado o muy uniforme para su gusto puede alegrarse con bandas de colores autoencolables, como las que se emplean para los coches. Las podrá encontrar en las tiendas especializadas de bricolage.

EL GRES ESMALTADO

Se trata del gres cerámico o estirado con una capa de esmalte. El esmaltado contribuye a impermeabilizar su ornamento y permite aumentar la gama de decorados aplicables a la cerámica. Sin embargo, el esmalte es una capa relativamente frágil (el brillante más que el mate). Como consecuencia, si la ausencia de porosidad autoriza su empleo en el exterior, es preferible, en algunos casos, considerarlo como un revestimiento mural, mientras que el esmalte constituye una superficie deslizante que puede ser peligrosa si se coloca en un lugar de paso. De todas formas, la mejor garantía la constituye el consejo del vendedor.

←
Baldosas de gres esmaltado que recubren el suelo.

EL BARRO COCIDO DE GRES

Su nominación lo coloca a medio camino entre el barro cocido y el gres. Se llama también, por este motivo, semigres.

Cocido a una temperatura intermedia entre la empleada para la fabricación del barro cocido (900°C) y la necesaria para la obtención del gres cerámico (1300°C), el barro cocido de gres, producido a una temperatura de 1000°C, sólo está parcialmente vitrificado. Es más prudente, por ello, usarlo sólo en interiores, a menos que el fabricante le dé garantías expresas de lo contrario. En este caso, el material tendrá que tener tratamientos complementarios. Una mala resistencia a los choques, al uso y al paso, lo destinan sobre todo a las paredes, o a las zonas poco frecuentadas.

Una buena apariencia, de colores uniformes o flameados, a veces con motivos imprimidos, en tonos satinados o brillantes, no es suficiente, por desgracia, para contrarrestar los inconvenientes y las debilidades indicadas anteriormente. Como mucho encontrará una mayor variedad de formas y diseños, que en el barro cocido.

Los empedrados de piedras naturales

El mármol, la pizarra, el gres, el granito, la piedra salida directa del suelo, recubren de forma incomparable los empedrados interiores; los aparejos serán determinados por las dimensiones de la habitación y por el tamaño de las losas. La colocación se realiza casi de la misma manera que con las baldosas (sobre mortero-cola), las juntas son más estrechas y menos aparentes para conservar la unión.

Es necesario añadir que las losas menos espesas (las de mármol por ejemplo) son convenientes para los revestimientos murales.

LA UTILIZACIÓN DE AZULEJOS Y BALDOSAS

El embaldosado ya no tiene como única característica la práctica prodigada durante tanto tiempo. La riqueza de colores, formatos y materiales ha permitido que se salgan de las habitaciones «utilitarias» (baños, cocinas, entradas) para utilizarlos como elemento decorativo en toda la casa. Así, lo empleamos para crear ambientes rústicos (una utilización bien conocida) pero también para decorar ambientes contemporáneos, mucho más modernos.

Estas cualidades no bastan, sin embargo, al elegir la baldosa o azulejo que más nos conviene; el primer factor a tener en cuenta es la resistencia del material y las aptitudes que tiene para responder a las diferentes contingencias del lugar en el que se va a colocar.

Satisfaciendo estas diferentes exigencias, las baldosas han conocido un gran auge en los últimos años, por lo que felicitamos a los fabricantes (a título de ejemplo: 33 millones de m^2 se vendieron en 1967 y... 72 millones de m^2 trece años después, más del doble).

EL LUGAR DE COLOCACIÓN DE AZULEJOS Y BALDOSAS

Las características que debe exigir al azulejo o baldosa difieren según si se piensa colocar en el exterior o por el contrario en el interior; en la pared o en el suelo; en el baño, en la cocina, en la entrada, en el salón, etc.

EN LA PARED

Aquí, los azulejos no tienen demasiados riesgos, solamente la proyección de agua en el baño o en la cocina, las salpicaduras de diferentes productos, y en particular si son instalados en la parte destinada a la preparación de la comida.

Para este último caso, los azulejos deberán soportar la agresión de productos químicos que entran en la composición de los productos de limpieza.

Así, cuando elija los azulejos para la cocina o el baño, opte por productos no porosos: si son permeables, corren el

Para la cocina, elegir baldosas que no sean porosas.

Los azulejos sobre una malla sirven también para la pared, para la zona de la comida.

←
Elegir las baldosas o azulejos según el lugar donde se vayan a colocar.

El peso del embaldosado

El embaldosado representa una carga que la estructura deberá soportar. Añadir los materiales que entran en la preparación del soporte (capa o productos alisantes, por ejemplo). Cerciorarse de que lo aguantará. Reforzar, si es necesario, después de consultar con un especialista. A título de ejemplo, el gres cerámico pesa más de 20 Kg por metro cuadrado.

riesgo de que aparezcan manchas difíciles y a veces imposibles de eliminar.

Para las paredes de las otras habitaciones, los riesgos son casi nulos; tendrá que evaluar caso por caso a fin de no equivocarse a la hora de elegir.

EN EL SUELO

No se puede emplear una baldosa de pared como revestimiento el suelo, esto sería un contrasentido. Las baldosas no solamente tienen que satisfacer los motivos decorativos. Muy utilizadas en las zonas de paso más frecuentes, deben ofrecer no sólo una buena resistencia al uso resultante del paso sino también al peso del mobiliario. Las necesidades indudablemente varían según se trate de una entrada o de una pieza que da al exterior, de una sala, un corredor, una escalera, una cocina, un baño, todo ello nos permite realizar una clasificación específica (UPAQ, ver más adelante, en el apartado: «LA CLASIFICACIÓN»).

Al igual que las baldosas murales, las baldosas utilizadas en revestimientos de suelos deberán resistir el agua y los productos de limpieza, la resistencia al agua no significa una impermeabilidad absoluta. Ciertos tratamientos tienen como objetivo la impermeabilización de la superficie del material sin que sea impermeable en el interior. Factor importante si se quiere colocar en el exterior.

Si estamos descalzos en el baño existe la posibilidad de resbalar, ¡no lo olvide! Algunos fabricantes proponen baldosas llamadas «antideslizantes», cuyas superficies presentan estrías para evitar los patinazos.

EN EL EXTERIOR

Embaldosar un sendero, unas escaleras o una terraza implica el mismo tipo de precauciones que cuando elegimos el material del que hablamos con anterioridad.

Las baldosas destinadas al exterior, ya sea para las paredes como para los suelos, deben ser resistentes al hielo en la mayoría de las regiones (se ha podido constatar que en los últimos años el número de heladas ha aumentado...). El gres se destina a esta utilización, pero no ocurre lo mismo con el barro cocido, al menos para la mayoría de ellos: algunos productores comercializan efectivamente barros cocidos que no se agrietan. De todas formas, le aconsejamos que tome siempre la precaución de exigir, al comprar, un certificado que lo atestigue. Si la oferta es seria, entonces no dude en adquirir este material si así lo desea.

LA CLASIFICACIÓN

Cada habitación, cada lugar se deberá embaldosar con la baldosa adecuada, es la conclusión de lo dicho anteriormente. Para ello se ha realizado una clasificación según los criterios de resistencia de los diferentes materiales. Dependiendo del empleo, las baldosas deben resistir el uso (U), perforación (P), es decir, todo lo que puede producir marcas, como la punta de una aguja, los pies de los muebles. De la manera que se comportan en el agua (A) y con los agentes químicos (Q), permite completar esta clasificación.

Cada una de estas iniciales va acompañada de un número el cual indica el nivel de calidad. Por ejemplo, las baldosas clasificadas U4 son las más resistentes al uso y se emplearán para una terraza, mientras que las U2 ó U3 pueden servir para una entrada o una escalera. (U1 constituirá la base de la clasificación).

Estas indicaciones nos autorizan por ejemplo a la siguiente clasificación: para un baño, elegir U2, P2, A2, Q1; para una entrada, U3, P2, A1, Q1; U3, P2, A2, Q2 para la cocina y para el comedor U2, P2, A1, C1. Esta es la calidad mínima exigida, por lo que se puede elegir baldosas superiores.

Sin embargo, para evitar el cálculo y la definición de combinaciones a veces un poco complejas, los materiales se han clasificado por categorías, en relación al uso de la habitación. Así, la clase I se reserva a los locales que no dan al exterior, y eventualmente a los baños; la clase II incluye las baldosas destinadas a ese mismo empleo; en la clase III se encuentran las baldosas indicadas especialmente para los dormitorios; la clase IV, concierne a aquellos materiales más resistentes, que deberán sufrir las condiciones de utilización más difíciles.

En la pared o en el suelo, las exigencias no son las mismas: utilice las baldosas apropiadas.

¡Manchas en el barro cocido!

No emplear el barro cocido, material poroso, porque puede mancharse con las proyecciones de líquidos diversos.

No colocarlo en la cocina y nunca cerca de las zonas donde se prepara la comida. Sin impermeabilización y renovación previa, estas bellas baldosas se mancharán sin que sea posible remediarlo.

LAS FORMAS Y LOS COLORES

Las posibilidades de decoración que ofrecen las baldosas y los azulejos son muy amplias. Se pueden bordear las paredes o el suelo o cubrir una mesa baja o una estantería. Según sean los tintes, los formatos o formas, las baldosas y azulejos se asociarán a partir de una serie de reglas elementales. El resultado obtenido no se puede dejar al azar, sino que se deberá tener en cuenta una serie de cuestiones.

☐ La primera regla que debe guiar su elección viene dictada por las dimensiones de la habitación. Reservar las baldosas grandes para locales con una superficie importante, o para las habitaciones más grandes. Esto se debe a dos razones: el efecto de los elementos más grandes será nulo en una habitación pequeña y no resaltará; los soportes pequeños implicarían que se deberían cortar mucho las baldosas para poder realizar una buena composición.

☐ A veces es mejor asociar formas y formatos variados: cuadrados, rectangulares, losanges, pequeños y grandes pueden disponerse de tal manera que se rompa la monotonía del suelo uniforme. Dentro de este mismo orden de ideas, los colores también servirán para animar una superficie, proporcionarle ritmo, por medio de la armonía de los tintes empleados, o por alternancia, de modo que se pueden crear diagonales, por ejemplo.

☐ Los fabricantes han pensado en la creación de estos paneles y se la facilitan a usted imaginando conjuntos que constituyan motivos (figuras o paisajes diversos). La disposición de estas composiciones, esencialmente murales, impone simplemente prever el emplazamiento de estas uniones a fin de darle importancia y evitar los cortes que pudieran estropear la belleza de la composición.

☐ Reservar los colores claros para las habitaciones pequeñas (es una regla que se debe seguir en toda construcción) o para locales oscuros. Las baldosas y los azulejos contribuirán a darle luz, dando la impresión de que es más grande de lo que es en realidad.

☐ Para dar armonía a un conjunto de baldosas y azulejos (pared y suelo, dos

paredes juntas formando ángulo hacia dentro ó hacia afuera) utilizar los elementos de unión especial: zócalos, baldosas con bordes, cuarto bocel, etc.

☐ Pensar también en la asociación de las baldosas y azulejos con los otros revestimientos, el mobiliario, cortinas, todo lo que contribuye a dar ambiente a la habitación. La falta de gusto es fácil de evitar si ponemos interés y el tiempo necesario para su elaboración. Los consejos de los profesionales y las visitas realizadas a las exposiciones de las tiendas le facilitarán el trabajo y siempre le serán muy útiles.

Con estas indicaciones, que quizá no sean suficientes, podrá abordar, con la prudencia necesaria, la colocación de un material duradero el cual no se puede cambiar como si se tratase de un papel pintado o una pintura. Una vez colocado, no será de ningún modo posible remediar los defectos. Pensar en la compra definitiva y sus consecuencias inmediatas antes de comprar las baldosas o azulejos.

Los pequeños y los grandes

Reservar los azulejos y baldosas más pequeñas para las habitaciones pequeñas, salvo que, debido a los colores, deban unirse para formar un motivo determinado.

Para las superficies más grandes, es preferible baldosas de un tamaño superior: el resultado será mejor y el trabajo más corto. Por ejemplo, en las baldosas de 10cm x 20cm, entran 50 elementos por metro cuadrado. Al proceder a la disposición de juntas rotas, imagine la cantidad de cortes que se deben realizar para una habitación de 20 ó 30 m².

LA COMPRA DE LAS BALDOSAS Y AZULEJOS

Soñar delante de las bellas fotos de los catálogos es el primer paso, pero luego hay que pasar a la acción, desplazarse a varias tiendas de materiales de construcción o tiendas de bricolage para comparar precios, y las condiciones de pago. Según la época y la tienda, quizás pueda beneficiarse de promociones interesantes: puede ser más económico aprovechar estas ofertas. Visite los salones de exposición en los que podrá apreciar cómo queda éste o aquel material para una cocina, un baño o un comedor. De esta manera tendrá una idea más clara del efecto que produce la baldosa que le gusta después de su colocación.

¿UNA BUENA ELECCIÓN?

Todas las cajas presentan una etiqueta que le informará sobre la buena calidad del producto. Esta información indica si es de primera calidad o no, lo que garantiza al comprador que se trata de un producto sin defectos.

Otras categorías corresponden a baldosas o azulejos de calidad media, dado que pueden presentar algún pequeño defecto de tinte o formato. Un pequeño matiz en el color no es motivo de alarma, sino que incluso nos permitirá animar la superficie. Pero las diferencias de formatos pueden llegar a ser un tanto fastidiosas, no por el aspecto general de la superficie embaldosada, sino sobre todo por la dificultad que posteriormente se presentará en el momento de la colocación y más particularmente de la realización de las juntas. Si

Cuando compre las baldosas o azulejos, procúrese también las herramientas necesarias: las más corrientes, podrá comprarlas en el mismo lugar donde haya adquirido las baldosas.

está dispuesto a salvar este particular tipo de obstáculos podrá ahorrarse un poco de dinero.

Si quiere aprovechar algunas ofertas o promociones, a precios muy ventajosos, no dude a la hora de examinar escrupulosamente las baldosas, una a una si lo desea. A veces más vale comprar una baldosa un poco más cara y tener la seguridad de que podrá ponerla sin ningún problema: el tiempo ganado, la economía en los cortes y la facilidad de instalación lo compensarán con creces.

¿QUÉ CANTIDAD SE DEBE COMPRAR?

Es la superficie a embaldosar la que determinará el número de baldosas necesarias, con un formato determinado. Sin embargo, no dude en modificar ligeramente las dimensiones de la parte de la pared debajo de la bañera, el lavabo o el fregadero para poder colocar baldosas enteras: esto le evitará muchos cortes.

Cuando realice el cálculo, que en algunos casos, le resultará más sencillo si realiza un plano de la habitación a escala, no olvide el espacio de las juntas. Éstas serán diferentes según el formato y los materiales.

Es mejor contar entre un 5 y un 10% más para compensar los cortes resultantes de elaborar los bordes. Si se realiza una colocación con juntas rotas (es decir, juntas alternas) tendrá más pérdidas que una de juntas rectas. Guarde algunas baldosas por si se produce algún percance...

Tenga en cuenta que a medida que vayan pasando los años, lo más probable es que se encuentre con la necesidad de reemplazar algún elemento que se haya roto o resquebrajado. Sería muy extraño y demasiada casualidad que después de tantos años pudiera encontrar precisamente las mismas baldosas (ni siquiera son iguales las baldosas de distintos lotes, por lo que si adquiere lotes diferentes deberá pedir la garantía llamada «código de variedades»). Esto no es consecuencia de un descuido voluntario por parte de los fabricantes, ni una falta de atención, es simplemente el resultado de la fabricación.

La conclusión de lo dicho anteriormente es que no deben comprarse las baldosas justas: más vale que sobren a que falten. Siempre podrá guardarlas y aprovecharlas en alguna ocasión.

El precio de las baldosas y azulejos

Las baldosas y azulejos se venden por metro cuadrado.

El barro cocido es el más barato, y el más caro está representado por el gres cerámico. Algunas composiciones un tanto peculiares y originales, producto de las investigaciones gráficas, pueden ser todavía más caras. Así, antes de comprar, le aconsejamos que no se decida única y exclusivamente por la calidad del producto. Hay que comparar precios. Se trata de una inversión relativamente importante, por tanto, invierta al máximo.

LA REALIZACIÓN DE UNA PARED

La colocación de baldosas en la pared es una operación que la puede realizar fácilmente un aficionado. La principal condición para salir airoso es la preparación minuciosa de la base: este tipo de trabajo está al alcance de todos.

LA PREPARACIÓN DE LA BASE

La superficie de la pared es la que va a recibir las baldosas. Debe ser plana y también debe permitir la adherencia necesaria.

□ Si la pared ya está pintada, se tendrá que lavar para eliminar todo rastro de grasa que pueda existir para no impedir la perfecta adherencia del cemento-cola, sobre el que más tarde se colocarán las baldosas. Después de haberla limpiado bien, raspar la pintura con un papel de lija de grano grande el cual favorecerá la fijación de la cola de embaldosar. Esta precaución es particularmente importante sobre las lacas. Si la pintura está estropeada en algunos lugares (manchas, agujeros poco importantes debidos a los choques o a los clavos, etc.), no es una cuestión demasiado grave: los azulejos taparán estas imperfecciones.

Desencolado del papel pintado con una espátula de pintor, después de humedecerlo (producto especial diluído con agua).

Para las superficies grandes, un desencolador a vapor facilita considerablemente el trabajo. Esta máquina se puede alquilar.

☐ Además de la pintura, debe eliminarse cualquier otro revestimiento. Por una razón bien simple: el peso de las baldosas haría que se desencolase, de modo que éstas también caerían. Así por ejemplo, el papel pintado debe arrancarse aunque esté en buen estado. Es un trabajo fastidioso pero esencial. Si tiene que tratar superficies muy grandes, alquile un desencolador a vapor: esta máquina, fácil de usar, le facilitará enormemente la tarea y ahorrará mucho tiempo.

☐ El embaldosado por sí mismo constituye una excepción. Si está en buen estado, puede ofrecer una base aceptable para baldosas nuevas. Una solución de este tipo, tolerable ya que puede evitar el trabajo de quitar el embaldosado viejo y eventualmente la refacción de la base, es cuestionable, en lo que se refiere al espesor total de los azulejos superpuestos. Esto puede ser un problema tanto al nivel de las uniones a efectuar con las partes de la pared como detrás de los aparatos sanitarios, grifos, canalizaciones, etc.

Si usted es un inquilino

En ese caso, no olvide que tiene que obtener la autorización del propietario antes de emprender la realización de cualquier tipo de modificación en la casa. Afortunadamente, es sólo una formalidad, los gastos de renovación van a su cargo...

☐ Si la pared no está recubierta y tiene que trabajar sobre el hormigón, cemento o yeso, será suficiente con ponerle una capa de imprimación. Las bases porosas absorberán de una manera exagerada la humedad del cementocola, disminuyendo así el poder del producto.

Sobre yeso o ladrillos, es aconsejable aplicar un endurecedor.

☐ EL embaldosado también puede colocarse sobre madera. Se trata, en este caso, de superficies de partículas especialmente tratadas. Son muy útiles para montar fácilmente y con rapidez un tabique. También deben estar provistos de una capa de endurecedor antes de la colocación.

REFACCIÓN DE LAS SUPERFICIES

Según el estado de la superficie, puede haber la necesidad de emprender algunos trabajos de albañilería para reforzar y estabilizar la construcción. Sin entrar en detalles del montaje de una pared de bloques, ladrillos o planchas de yeso, ya que no es nuestro propósito, indicaremos rápidamente las reglas básicas: una perfecta verticalidad y una mampostería regular entre los elementos de la construcción, son las cuestiones imprescindibles que debe tener en cuenta.

En el caso de una renovación, tendrá que verificar que se cumplan estas condiciones.

Eliminación de un revestimiento viejo.

REFACCIÓN DE LAS JUNTAS

En una construcción vieja revestida de placas, podrá constatar que el mortero se va desmenuzado. Este mortero asegura la unión entre los materiales de la construcción y da homogeneidad al conjunto de la pared.

Por este motivo tendrá que estar en buen estado.

Nunca se debe conservar y recubrir con otro revestimiento. Se tiene que eliminar, lo cual no presentará ninguna dificultad. Es preferible escarbar ligeramente entre los materiales para favorecer la adhesión del mortero nuevo.

Desempolvar la superficie y humedecerla un poquito antes de colocar el mortero nuevo: si se realiza esta sencilla y rápida operación, no absorberá toda el agua de la mezcla del nuevo mortero.

Abertura de una fisura para su revestimiento.

REVESTIMIENTO DE LAS FISURAS

La presencia de fisuras es un signo de fatiga del revoque. Éstas pueden ser consecuencia del trabajo normal de la construcción o bien de la contracción de algunas partes. Conviene recordar que una fisura mal revestida más tarde o más temprano siempre acabará por reaparecer.

Tratamiento de una pared con humedad.

Verificación de la impermeabilidad de un canalón.

Pero una fisura también puede ser debida a los defectos de permeabilidad o drenaje. La humedad puede producir, a la larga, desperfectos considerables. Aunque es imposible determinar el origen de una fisura a primera vista (en realidad muy pocas veces en la mayoría de los casos) una serie de signos puede revelarlo. Si se trata de problemas debidos a la humedad encontrará inevitablemente otros fenómenos como: manchas, salitre, moho, etc.

TRATAMIENTO DE LA HUMEDAD DE LAS PAREDES

La humedad puede tener causas diversas: los principales motivos de su aparición son la infiltración del agua desde el exterior, mal drenaje del suelo que provoca que aflore la humedad, condensación. Se tiene que intentar averiguar el origen del problema y solucionarlo. Un tratamiento superficial de la humedad será insuficiente: las manchas, fisuras, salitre, se formarán de nuevo, invisibles y por lo tanto insospechadas al estar debajo de los azulejos...

☐ Las infiltraciones de agua son fáciles de resolver. Examinar si no se trata sólo de una fuga en un canalón o de una juntura en mal estado. Verificar también que el canalón no esté obstruído por restos vegetales que impiden que el agua de la lluvia se introduzca con normalidad.

Las infiltraciones también pueden ser debidas a un defecto de permeabilidad de la fachada, inspecciónelo: puede constatar la presencia de fisuras más o menos importantes que se tienen que revestir. El tratamiento pasa por el revestimiento de la fachada, trabajo por el que se empezará (normalmente con la reparación del techo y el canalón) toda empresa de renovación de una casa. Aplicar una pintura impermeable con resina sintética o con un revestimiento plástico. Este tipo de productos protegerán la obra: su aplicación puede ser recomendable, aunque hasta el momento no haya ningún indicio de humedad.

☐ Cuando la humedad aflora por la obra, es más difícil de determinar. Se debe a un mal drenaje del terreno en el que se asienta. A veces puede ser suficiente con aplicar productos de imper-

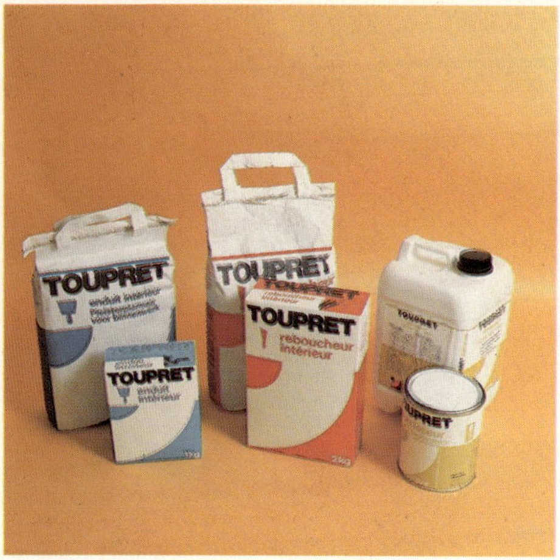

meabilización en la base de las paredes de la fachada (después de quitar la tierra). Pero, por la complejidad del origen del problema es mejor llamar a un especialista.

RENOVACIÓN DE UN REVESTIMIENTO

El revoque es la capa de unión entre la obra y el nuevo revestimiento. Por esta razón tiene que adherirse perfectamente. Un revestimiento viejo se arranca por placas enteras. Eliminar todas las partes que se suelten y examinar las otras: si suena vacío al golpear con el mango de una herramienta, se tienen que quitar también.

A veces es posible limitarse a las junturas del revestimiento. Pero no dude en quitarlo completamente si hay que rehacerlo totalmente.

Éstas son las principales cuestiones que tendrá que resolver antes de emprender la colocación del embaldosado en la pared. Las etapas más importantes para la preparación de las bases son: el revoque de las fisuras y la realización del revestimiento.

EL REVOQUE DE LAS FISURAS

Si las fisuras son muy importantes, si se trata de verdaderas grietas que atraviesan la pared que no crea que pueda renovar usted mismo, consulte a un especialista. Si se trata de ranuras (más o menos importantes), puede repararlas usted mismo.

□ Comenzar por despejar totalmente la fisura. Con una espátula de revoque (que tendrá una hoja larga) o una de pintor, quitar aquellos trozos superficiales que se adhieren con dificultad. Vaciar toda la fisura con una paleta angosta. Quitar no solamente las partes que están sueltas, sino también las que salten del fondo de la fisura, aunque parezca que la obra es sólida; porqué en realidad la fisura es más grande en el fondo que en la entrada, y así el revestimiento de revoque se cohesionará mucho mejor.

□ Una vez acabados estos preparativos, desempolvar esa parte con un cepillo suave. En el caso de que haya más de una fisura, habrá que realizar todos estos preparativos preliminares en cada una de ellas antes de continuar con la etapa siguiente.

Humedecer antes de aplicar el producto de revoque. Éste se puede preparar a razón de dos partes de revoque por una de agua (el revoque se presenta en polvo que se debe mezclar con agua, de la misma manera que en el yeso).

Lo más sencillo es utilizar un revoque ya listo para utilizar. Este producto está formado por elementos que se endurecen rápidamente, toman consistencia y se cohesionan en el mismo instante

Las diferentes etapas del revoque de una fisura: eliminación de la pintura desconchada, abertura con un rascador triangular, desempolvado y revoque.

en que se colocan. Se venden en tubos, para facilitar su aplicación.

Colocar el revoque dentro de la fisura, bien al fondo. Poner una cantidad suficiente de producto de tal modo que sobresalga. Pasar en seguida, por encima, una espátula, preferiblemente de revoque, ya que al tener una hoja larga no se corre el riesgo de aplastar los bordes de la fisura. Al pasar esta herramienta el revoque se introduce hacia el interior de la grieta, y al mismo tiempo, se alisa la superficie.

□ La colocación del calicó sobre las fisuras más importantes permite hacerlas desaparecer por completo. Después de que se hayan revocado (ver más arriba), aplicar sobre el revestimiento fresco la tira de calicó y recubrirla con una capa delgada de revestimiento para que no se vea.

Preparación del revestimiento de revoque y utilización del calicó. Pulir después del secado.

□ Una vez que las fisuras estén revocadas, con o sin calicó, pulir ligeramente la superficie, después de que se hayan secado por completo. Utilizar un papel de lija colocado sobre un taco de madera o bien sobre una pulidora (para aquellas superficies más grandes). Estos accesorios no solamente le facilitarán gran parte de su trabajo sino que también le permitirán pulimentar la superficie de una manera uniforme, lo que no conseguirá con la simple presión de los dedos.

□ Proceder del mismo modo con los agujeros. Para ello utilice revoque en polvo o de yeso, muy fácil de preparar.

REALIZAR UN REVESTIMIENTO

Antes de comenzar, tendrá que esperar al menos un mes para que el revestimiento se seque (tanto si se trata de un revestimiento de yeso como de mortero) antes de colocar los azulejos.

Ahora la cuestión inmediata es la colocación: ¿Es realmente necesario un revestimiento, en qué casos?

¿QUÉ ES UN REVOQUE DE PARED?

Se deben tener en cuenta tres factores a la hora de examinar paredes viejas de piedra sin revestir: los materiales, los calibres irregulares y la aparición de cavidades importantes entre los ejes. Los bloques, los ladrillos y otros materiales que entran en el trabajo de la construcción son todos iguales ya que se fabrican en serie.

El revestimiento viejo, en mal estado, se debe eliminar totalmente. Un nuevo revestimiento ofrecerá una superficie limpia.

La función del revoque es siempre la de tapar las irregularidades y las imperfecciones para constituir una superficie completamente limpia y bien plana, que luego servirá de soporte para otro revestimiento.

El revoque es pues la primera capa de revestimiento que recubre la obra y debe pegarse perfectamente para poder servir enseguida de intermediario a los

Empotramiento los conductos eléctricos

Si tiene que rehacer la instalación eléctrica, debe empotrar los conductos antes de llevar a la práctica el recubrimiento de la pared. Abrir las regatas según la implantación de las tomas y los interruptores. Atención, el empotramiento no se puede efectuar en tabiques manufacturados de hormigón celular, en ladrillos huecos de un espesor igual o inferior a 5 cm y en ladrillos macizos de canto, en tabiques de no cerramiento.

Por otra parte, todo paso de conducto eléctrico en una instalación empotrada debe realizarse en el interior de conductos normalizados.

Tratar las bases porosas con un endurecedor.

Preparación del yeso.

revestimientos decorativos. La calidad de la adherencia del revoque depende, en consecuencia, tanto del revestimiento como de la base. Es imprescindible examinar minuciosamente el estado de esta última antes de comenzar a trabajar y efectuar, si es necesario, las reparaciones pertinentes.

¿REVOQUE DE YESO O DE MORTERO?

Es la naturaleza del soporte y, en particular, la de las juntas las que deben determinar el tipo de revoque a utilizar. Los materiales montados con yeso se recubrirán con un revestimiento de yeso; los de mortero, con un revestimiento de mortero. Las planchas de yeso no necesitan necesariamente recubrirse pues ofrecen una superficie susceptible de ser directamente alicatada (después de una eventual aplicación de un endurecedor para que la pared sea menos porosa y desmenuzable). Es una de sus ventajas, junto con la facilidad de montaje que permite levatar rápidamente un tabique.

Mezcla de un producto preparado para usar.

Las planchas de yeso

Es una solución ideal para recubrir rápidamente una pared vieja: una superficie impecable sin mucho trabajo de renovación y además la posibilidad de aislar al utilizar productos compuestos (pared de yeso y capa de poliestireno o fibra de vidrio).

Cuando el revestimiento forma una pasta que se presenta así (izquierda), puede colocarlo con la ayuda de una llana de yesero (derecha).

Un revestimiento de yeso se coloca con facilidad, aunque el tiempo de fraguado es corto, más que el del mortero. Se prepara en una proporción de tres partes de agua por una de yeso. Verter el agua y después el yeso y agitar para obtener una pasta untuosa. El tiempo de fraguado implica una colocación rápida: por lo que no se deben preparar grandes cantidades de una vez. Si ve que el yeso está duro, no le agregue agua: el yeso ya es inaprovechable.

REVOQUE DE MORTERO

Es el que se realiza con más frecuencia. De un espesor de 1 a 2 cm, permite tapar las grandes superficies y nivelarlas.

Tras renovar las juntas entre los materiales de construcción y tras reemplazar los más deteriorados, es absolutamente necesario que humedezca la obra en abundancia. Esto es de suma importancia: evita que la obra absorba el agua del revoque que la recubrirá, disminuyendo sus proporciones y su capacidad de agarre.

Ahora puede pasar a la realización del revestimiento, que se hace en tres etapas: la primera capa, el cuerpo del revestimiento, y la capa de acabado.

☐ La primera capa es la subcapa que recibirá al cuerpo del revestimiento después del secado. Preparar el mortero en una proporción de 3 medidas de arena, 1 de cemento y 1,5 de agua o un poco más para darle una buena fluidez. Esto, en efecto, es importante para que la primera capa se adhiera bien al soporte. Además, una buena fluidez evita que el agua de la mezcla sea totalmente absorbida por el soporte (que habrá mojado con anterioridad). Aplicar el mortero con un gesto seco de la paleta, y al mismo tiempo sostener la llana con la otra mano. Cargar la llana con un poco de mortero para que así no se tenga que desplazar cada vez. Aproximadamente en una hora habrá recubierto un tabique de tamaño mediano: solamente debe preparar el mortero necesario para esta primera etapa.

☐ Colocación de señales para marcar el espesor: fijar sobre la superficie cuñas de madera o reglas que disten 1 metro unas de otras. Las reglas se colocarán verticalmente (utilizar el nivel o la plomada) de modo que cubran de una sola vez toda la altura de la pared; en cambio, es mejor reservar las cuñas para superficies más pequeñas.

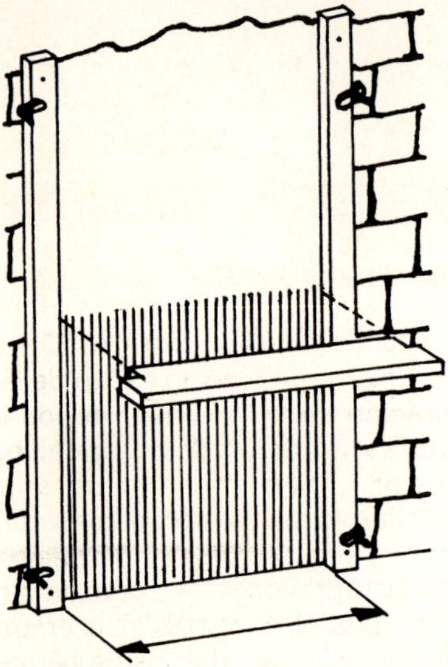

El esquema indica la forma de regular un revestimiento de mortero, las guías están separadas 1 m.

Preparación del mortero.

Cuñas o reglas que tendrán el mismo espesor que deberá tener el revestimiento, inclusive las tres capas, de manera que la cara corresponda a la superficie de la capa de acabado. Verificar que las marcas del espesor están sobre el mismo plano (lo haremos con una regla larga, recta y un nivel colocado encima); aprovechar este momento para corregir, si es necesario, los defectos de alisado de la pared.

□ El cuerpo del revestimiento: hay que esperar 48 horas para que la primera capa se seque antes de pasar a la etapa siguiente. El cuerpo del revestimiento, preparado de la misma manera que la primera capa, se aplica con la paleta. Si tiene que cubrir toda una pared, proceda por partes ya delimitadas por las reglas del espesor. Antes de que se seque el mortero sobre la superficie, mover una regla bien pulida de arriba a abajo e inclinarla hacia la derecha y hacia la izquierda para quitar el excedente de mortero e igualar bien la superficie. Una vez que se haya llegado arriba, retirar el mortero que sobra y aplicarlo nuevamente. Si la superficie no está bien nivelada tirar más material; se realizará esta operación tantas veces como sea necesaria. Si a pesar de todo, algunas zonas quedan más vacías que las otras, rellenarlas y nivelarlas con una llana; no se debe alisar. El cuerpo del revestimiento tiene que tener un espesor de 1,5 cm aproximadamente.

Cuando la superficie esté bien lisa y homógena, y antes de que se endurezca totalmente el mortero, retirar las cuñas o las reglas de espesor. Rellenar los vacíos dejados por éstas con mortero preparado en las mismas proporciones.

Pasar la llana sobre toda la pared; no esperar a que el mortero esté seco. Esto permite tapar las pequeñas irregularidades que subsistan.

Para terminar, pasar una esponja húmeda: es el primer alisado, por lo que comenzamos a quitar las rugosidades del revestimiento.

☐ La capa de acabado: se debe realizar después del secado de la capa precedente (48 horas), la capa de acabado tiene como objetivo eliminar totalmente las asperezas de la superficie. Para ello prepararemos un mortero muy claro, más que el utilizado para la primera capa. Extenderlo y alisarlo con la llana: ahora dispone de una superficie lisa y plana, perfectamente sana, que servirá luego de soporte a los azulejos. Deje secar el conjunto durante unos 8 ó 15 días, según el período y el clima, antes de pasar al alicatado.

EL BAÑO: EMBALDOSADO DE LA PARED Y DE LA BAÑERA

Los azulejos son el material que encontramos más a menudo en los baños, y particularmente, en el suelo y las paredes que encuadran la bañera misma. La facilidad de mantenimiento es una de las causas que explican esta aplicación generalizada. Sin embargo, vistas las condiciones de utilización, evitar las baldosas porosas, a menos que previamente hayan recibido un tratamiento protector.

Si la superficie a cubrir es grande, no lo haga con baldosas lisas; lo más adecuado es alegrarlos con frisos o con algún elemento decorativo.

ANTES DE LA COLOCACIÓN

Los aparatos sanitarios, las canalizaciones de alimentación y evacuación de las aguas, así como los conductos eléc-

tricos tendrán que empotrarse. Debe tener en cuenta, en el momento de la implantación de las tomas y de los interruptores, las reglas de seguridad esenciales (ver recuadro). Aunque es posible realizar la colocación de los interruptores una vez colocados los azulejos, es preferible prever los emplazamientos para efectuar las regatas y los empotramientos de los conductos de alimentación eléctrica.

PREPARACIÓN Y EMBALDOSADO DE LA BAÑERA

En el baño, la bañera es el elemento más destacado. Por este motivo hay que intentar integrarla lo mejor posible a la habitación. Se la debe recubrir con los mismos azulejos o baldosas que cubren el suelo y las paredes o si no con azulejos o baldosas con un matiz algo similar.

La preparación de la bañera se realiza normalmente con planchas de yeso. La bañera se instala por lo general en ángulo, por lo que se deben montar las planchas de yeso para cerrar los otros dos lados.

Seguridad

La electricidad en una habitación húmeda como es el baño, debe regirse por estrictas normas de seguridad.

— No coloque ningún aparato eléctrico en el volumen definido por la superficie de la bañera, desde el suelo hasta el techo (al menos a una altura de 2,25m). Se trata de un ***volumen cubierto.*** *Sólo se permiten aparatos de baja tensión (12V).*

— Cualquier aparato eléctrico dentro de este volumen situado a 1 m del precedente debería estar protegido por un transformador de seguridad. Se trata de un ***volumen de protección.***

— Por todos los demás sitios del baño, los aparatos eléctricos deben estar ***conectados a tierra,*** *así como las diferentes partes metálicas (marcos, canalizaciones, radiador de calefacción central, etc).*

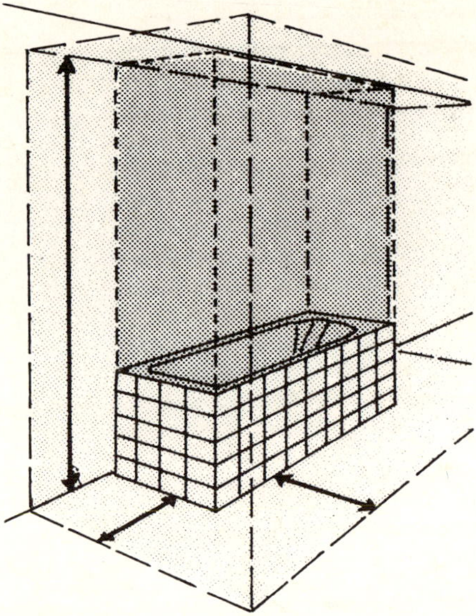

Apoyarse en el borde de la bañera y determinar, con la ayuda de la plomada, el emplazamiento del perfil (en materia plástica) en los que las planchas de yeso se entrarán. Éstas se encajan unas dentro de otras por un sistema de unión de ranuras y lengüetas, reforzadas con una cola especial o una mezcla de yeso. Si quiere cortar una plancha, use una sierra.

Sobre la cara que ofrece el mejor acceso a las tuberías y sobre todo al sifón, debe dejar el espacio suficiente para colocar el tubo de salida del agua. Este elemento, desmontable, nos ofrece la posibilidad, como su nombre indica, de llegar a las canalizaciones, lo cual es muy apreciado en caso de fugas de agua, o para desatascar la bañera... El tubo de salida de agua que venden las casas de baldosas y productos sanitarios como un accesorio, se presta a las diferentes formas de la baldosa que la puede recubrir.

A medida que se van colocando las planchas de yeso, se rejuntan con el yeso que ha mezclado. Al acabar, tapar el hueco existente entre la parte superior de las baldosas y el borde de la bañera con yeso.

Verificar la colocación de las baldosas de yeso comparando sus ángulos. Se puede empezar a apreciar el conjunto tras la colocación de unas cuantas baldosas.

Empezar la colocación de los azulejos por debajo. Utilizar un mortero-cola que deberá comprar ya preparado. Usar preferentemente este producto, ya que la cola es poco resistente al agua: reservarla para habitaciones que no sean el baño o la cocina.

Partir del ángulo formado por las planchas de yeso. Así, los cortes se situarán en las esquinas próximas a las paredes, donde serán menos visibles. Repartir el mortero-cola con una espátula dentada, en una capa de igual espesor. Las ranuras formadas por la herramienta permitirán una mejor adhesión de las baldosas.

Colocar las baldosas, conservando entre ellas un intervalo regular. Para ello, lo mejor es utilizar varillas en cruz. Realizarlo de manera que las caras coincidan unas con otras. Aplicar firmemente cada baldosa y golpear con el mango de una maceta o con un palo de madera. Montar cada hilera al borde de la bañera: entre ella y la última baldosa se colocará un elemento recortado. Antes de pasar a los recortes, verificar la verticalidad de las baldosas colocadas mediante una regla larga de madera bien recta.

Tomar las medidas necesarias para los recortes, previniendo un último espacio directamente bajo el borde de la bañera. Verificar para cada uno de los elementos que la medida tomada previamente sea correcta. El recorte se realiza con una plantilla para baldosas o con un rubí para los materiales más du-

Aquí debajo, control de la verticalidad de las planchas de yeso.

Arriba, colocación del tubo de salida del agua y trazado antes de recortar; abajo, colocación de los elementos recortados.

Tras embaldosar un lado de la bañera continuar desde el lado. Colocaremos las baldosas cortadas cerca de la pared, donde puedan apreciarse lo menos posible. Preparación para la colocación encima debajo de la bañera: trazar la vertical del borde de la bañera con una escuadra o bien un cordel (derecha).

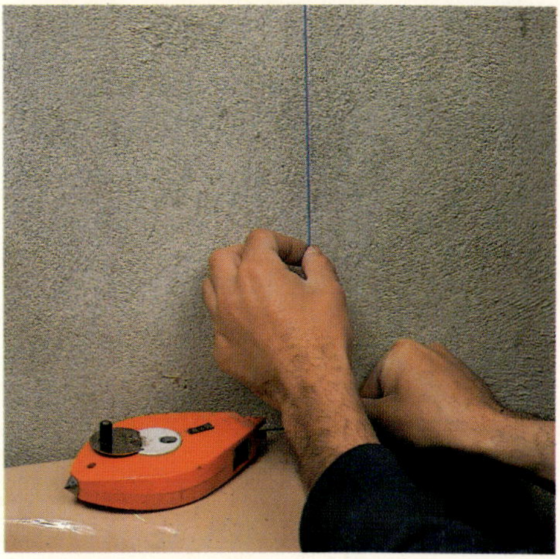

ros (gres) y con una tenaza para los más débiles como la loza.

Esperar que se seque el mortero-cola para efectuar el rejuntado. Preparar un cemento especial (griffi), blanco o coloreado. Evitar los cementos coloreados para las baldosas con una superficie rugosa: pueden dejar marcas difíciles de quitar.

Extender el cemento sobre la baldosa con una rasqueta de caucho y rellenar bien las juntas. Ya se habrán de haber quitado las varillas de colocación (antes del endurecimiento total del mortero-cola). Al cabo de dos horas aproximadamente, limpiar la superficie con una esponja húmeda, desplazándola en sentido diagonal para no vaciar las juntas. Para terminar, limpiar con un trapo seco (siempre en diagonal), después alisar las juntas, presionando ligeramente con el dedo para que se hundan un poco.

COLOCACIÓN EN LAS PAREDES

La etapa precedente le habrá servido de entrenamiento. A grandes rasgos, la colocación en la pared no difiere mucho de la anterior, aunque hay que precisar algunos puntos.

DEFINICIÓN DE LA LÍNEA DE PARTIDA

La bañera todavía nos servirá de punto de referencia. Trazar en la pared la perpendicular al borde de la bañera si quiere que ésta sea el límite de la colocación. Sin embargo, si quiere cubrir toda la superficie de la pared, trazar el eje central de esta última. Efectuar el trazado bien vertical, sírvase para ello de un nivel o una plomada.

La colocación nunca debe comenzarse por un lado, simplemente por dos razones: no es seguro que el ángulo sea recto; para obtener un mejor aspecto, reservar los cortes para la esquina, donde serán mucho menos visibles que en los lados.

DEFINICIÓN DE LA ALTURA

Definición de la altura de la superficie a embaldosar:

Por norma general, las baldosas no se colocan hasta alcanzar el techo. La altura (que es la misma para todas las paredes por razones estéticas evidentes) se define a partir de la bañera. Se realiza de tal manera que corresponda a la altura de una persona que esté de pie dentro de la ducha; así, las salpicaduras tocarán solamente las baldosas. Un número entero de baldosas constituye la mejor referencia; también puede utilizar los recortes sobrantes de las baldosas para el revestimiento de la bañera (si son todos iguales) para colocarlos encima.

Marcar la altura límite de la superficie a cubrir.

→

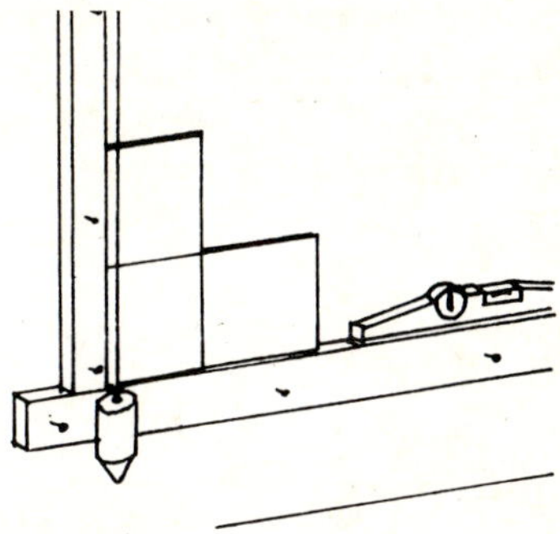

Los listones colocados provisionalmente sirven de guía.

Preparación y aplicación del mortero-cola con una espátula dentada.

Encolar cada azulejo colocado (aquí con una maza de caucho).
Utilizar varillas en cruz calibradas para obtener ángulos bien regulares.
Después de extender el griffi (mortero de rejuntar), pulirlas junturas para formar un surco ligero.

LA COLOCACIÓN

Proceder hilera tras hilera, comenzando por debajo de la bañera, protegiendo el reborde con una cinta adhesiva. Colocar la primera baldosa de forma alineada sobre el eje vertical trazado con anterioridad. Conservar un espacio suficiente encima de la bañera para realizar una junta impermeabilizante. Encolar cada una de las baldosas, después de haberla colocado, sobre el mortero-cola extendido con una espátula.

LAS JUNTAS

Utilizar varillas en cruz para prevenir la regularidad de las juntas. La separación de las baldosas estará en función de su formato: para las baldosas de 15 cm x 15 cm, una separación de 2 mm; de 5 a 8 mm para las baldosas más grandes. De todas formas, respetar las indicaciones del fabricante. Las juntas son indispensables para absorber la dilatación del material.

Rellenar las juntas con un mortero especial al día siguiente de la colocación, una vez que el mortero-cola esté seco.

Limpiar enseguida las manchas de mortero porque sino se comenzará a pegar, aproximadamente unas dos horas después de haberlo puesto. Después serán muy difíciles de eliminar.

Al acabar, colocar un cordón de masilla de silicona en la junta pared-bañera: ésta asegura la impermeabilidad.

Los azulejos de espejo

Los azulejos de espejo pueden formar paneles enteros sobre una pared embaldosada, o contrariamente, pueden ser colocados como muestra la foto. Aportan una tonalidad moderna y permiten «agrandar» una pieza pequeña.

LA JUNTA IMPERMEABILIZANTE

Es esencial colocarla debajo de los sanitarios (bañera, lavabo), el fregadero o toda superficie que tenga la posibilidad de salpicar agua. La junta impermeabilizante se colocará entre el borde de la bañera y la primera hilera de baldosas. Para preservar la parte posterior del aparato de las infiltraciones de agua, se utilizará masilla de silicona que se vende en tubos con un embudo aplicador. Antes de poner la junta impermeabilizante, quitar la cinta adhesisa que protege la bañera. Proceder de la siguiente manera: secar el emplazamiento con un trapo seco; colocar una cinta adhesiva sobre las baldosas y otra en la bañera dejando una separación entre ambas, la cual corresponda al ancho de la junta; depositar la junta, apretando regularmente el tubo para que salga un cordón regular; pasar la punta del dedo mojado sobre la junta para alisarla, sin aplastar; quitar las cintas adhesivas una vez seca.

Para prevenir las salpicaduras de agua también se puede utilizar un cuarto bocel de cerámica, como se hacía anteriormente, pero su instalación resulta más complicada.

LA COCINA: FREGADERO Y SUPERFICIE DE TRABAJO

Dadas las dificultades que puede presentar la superficie de trabajo de la cocina, ésta se podría revestir con azulejos de pared, del mismo tipo que sirven para embaldosar la pared del fregadero. Elegir un material resistente e impermeable; si es poroso se manchará enseguida debido a las salpicaduras de diversos productos usados para la preparación de la comida, que son indelebles. Optar por un azulejo fácil de cuidar.

LA SUPERFICIE DE TRABAJO

Aquí no es cuestión de entrar en demasiados detalles sobre la construcción de una superficie de trabajo. Sólo señalaremos que debe constituir un soporte sólido y plano, nivelado con las superficies de equipamiento. Puede tener estanterías en la parte inferior, las cuales serán muy útiles para guardar utensilios o potes. Aunque no se encuentre cerca del fregadero, es preferible, aunque no imperativo, emplear bases de madera (contrachapado o conglomerado) especialmente tratados contra la humedad.

Si decide embaldosar la pared contra la que se encuentra la superficie de trabajo, comenzar por ésta.

Empezar colocando los azulejos provisionalmente. Determinar el mejor emplazamiento, siempre partiendo del borde de la superficie de trabajo para reservar los cortes contra la pared. Si un marco tiene que recubrir el canto exterior de la superficie de trabajo (opción muy aconsejable, tanto por razones prácticas como estéticas), colocar los azulejos en consecuencia, por debajo del nivel del borde o por el contrario, emparejado.

Durante la colocación provisional, no olvidar el ancho de las juntas. Pensar también en el espacio a dejar entre la última hilera y la pared, para la junta de impermeabilización.

Tomar las medidas y realizar los cortes necesarios. Si utiliza azulejos colocados sobre red y el corte queda entre dos hileras, es suficiente con seccionarla por donde se quiera. Sino, cortar los azulejos con una tenaza; un separador

Una placa de azulejos sobre red se recorta fácilmente con un cúter; pero si las medidas no son exactas, se marcará para cortar todos los azulejos de la hilera.

Colocar los azulejos sobre red: encolar la superficie de trabajo y colocar las planchas. Extender el griffi, y para acabar poner un marco en el borde.

le permitirá rayar la cerámica sobre la línea de corte, después se romperá por donde se encuentra la línea.

Ahora puede continuar con la colocación. Usar, como en el baño, un mortero-cola antes que cola. Recubrir la superficie con un espesor regular (utilizando una espátula) e instalar los azulejos por encima. Colocar las varillas en cruz a medida que se vayan poniendo, salvo que se trate de planchas enteras. En este caso, hay que vigilar solamente las juntas entre las planchas, iguales que las existentes entre los azulejos.

Después del secado, preparar el griffi (cemento de rejuntado) y extenderla sobre la superficie para que penetre en las juntas. Cuando comience a endurecerse, limpiar los azulejos con una esponja húmeda.

Marcar bien la línea de corte con una punta (aquí arriba): los azulejos se parten (con una tenaza, a la derecha) netamente y con mucha facilidad.

LA PARED ENCIMA DEL FREGADERO

Colocar el fregadero no es en sí una tarea difícil ni complicada. Hay de dos tipos: emplazado sobre un mueble o armazón, o empotrado sobre una bandeja embaldosada. Tanto uno como otro, ya sea de fegadero simple o doble, de gres esmaltado, acero inoxidable, acero esmaltado o de material sintético más moderno, presentan por el contrario una dificultad común; los empalmes de fontanería (soldadura, arandelas, combadura, etc.). Si esto no entra dentro de sus posibilidades, llame a un profesional.

Si el fregadero ya está colocado y decide cambiar el embaldosado que lo rodea, tiene dos posibles soluciones: quitar el embolsado viejo o bien recubrirlo con baldosas nuevas. La primera solución le permitirá reparar y modificar la instalación eléctrica, aprovechando que se quitan las baldosas, mientras que la segunda propuesta, sin duda alguna, le permitirá ganar tiempo.

En el último caso, sin embargo, hay que cerciorarse de que las baldosas se adhieren bien: retirar los que se muevan, raspar el mortero viejo (con un cincel y un martillo) y volverlo a colocar (empotramiento con mortero-cola). Extraer con el cincel toda la superficie del embaldosado viejo, con la finalidad de que la cola se pegue mejor, dejando así una superficie preparada para acoger las nuevas baldosas.

Extender el mortero-cola con la espátula y a continuación colocar las baldosas hilera tras hilera, comenzando siempre por abajo. No olvidar las varillas en cruz. Encolar cada vez.

Determinar el perímetro de la superficie a embaldosar, calculando, en la medida que sea posible, un número entero de baldosas. Contar al menos la altura, ya que la amplitud, generalmente, debe regirse por los lados, aunque sobrepase los límites del fregadero (lo que permite embaldosar, de una sola vez, toda la parte de la pared contra la cual se ha dispuesto superficie de trabajo.

Trazar un eje vertical encima del fregadero, de manera que se reparta la misma cantidad de baldosas hacia ambos lados del eje. De esta forma, los cortes situados en los dos ángulos serán iguales. La primera baldosa se colocará según este trazado, por encima del fregadero. Pensar en conservar el espacio necesario para la junta de impermeabilización.

Extender el mortero-cola con una espátula, cuyos dientes regularán el espesor. No encolar una superficie muy grande de una vez, sobre todo, si es la primera vez que realiza este tipo de trabajo: un ancho de dos hileras de baldo-

Tapar la diferencia

Si coloca azulejos sobre una superficie ya embaldosada, pero mayor que la antigua, habrá una diferencia de nivel poco estética. Para evitarlo, fijar una plancha contra la pared para tapar la diferencia.

A la derecha, medición del corte a realizar en un lado.

sas será suficiente. Proceder hilera tras hilera, utilizando varillas en cruz. Llegar hasta los lados sin realizar, por el momento, los recortes necesarios.

Montar las baldosas hasta la altura deseada. Ajustar cada baldosa con un golpe y verificar que todos estén al mismo nivel, con la ayuda de una regla larga. Si existe una pequeña diferencia de nivel, retirar la baldosa, poner o quitar un poco de mortero-cola y a continuación volverlo a su lugar.

Los recortes de los lados:

A diferencia de los que estará obligado a efectuar a medida que se vayan presentando los obstáculos (marco de la ventana, interruptores, tomas, etc.) para continuar arriba por la superficie a embaldosar, reserve los recortes de los lados para el final. Así los podrá ejecutar en serie, y sobretodo verificar que el espacio que falta cubrir es el mismo en todos los casos.

Recortar los elementos necesarios y seguidamente colocarlos, poniendo el lado recortado en un lado. Así será menos visible. Encolar la parte trasera de la baldosa recortada. Si el ángulo es redondeado, poner un poco de mortero-cola en la pared para tapar la diferencia. A continuación proceder con la otra cara de la pared como ya se indicó: no a partir del lado, sino a partir del eje ver-

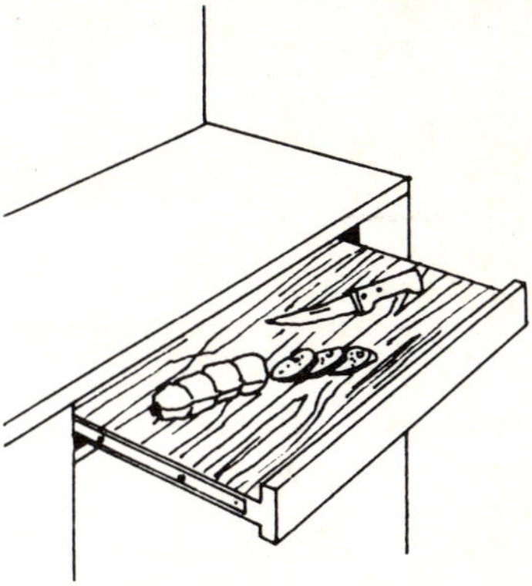

Una solución para colocar un tajadero.

Un tajadero

Un tajadero es muy útil para una cocina. ¿Por qué no empotrarlo en la superficie de trabajo? Antes de embaldosar esta parte, basta con recortar según las dimensiones del tajadero. Debe utilizar para ello un taladro y una sierra. Instalar puntos de apoyo por debajo. Poner una junta de impermeabilización de silicona en la periferia, entre la baldosa y el tajadero. Para conservarlo en buen estado, engrasarlo con aceite vegetal.

Cortar con un rubí (arriba, a la izquierda). Si es necesario rectificar, utilizar una tenaza (arriba a la derecha) o utilizar una rejilla de pulimentar (abajo). Untar el elemento de mortero-cola antes de colocarlo (abajo, a la derecha).

tical, el cual puede ser el límite de la superficie a embaldosar.

Para acabar, extender el cemento de juntas y colocar la junta de silicona entre la primera hilera de baldosas y el fregadero, entre la superficie de trabajo y la pared de una parte, y el fregadero por otra. Usted decidirá según el caso.

Lados que sobresalen y lados que entran

En los lados que entran se colocan las baldosas recortadas: se verán menos. En los lados sobresalidos se colocan baldosas enteras. Usar molduras especiales de cerámica para disimular y proteger la arista o utilizar perfiles de madera o de metal.

Una vez que toda la superficie esté cubierta con baldosas, extender el griffi con una rasqueta y secar con un trapo seco dejando que el producto penetre bien en las juntas. Al acabar, se puede clavar un cuarto bocel en la periferia.

Atención:

Para su seguridad, todas las partes metálicas de los diferentes elementos de una cocina deben conectarse con tierra. Es un empalme equipotencial.

EL BAÑO Y LA COCINA: INSTALACIÓN DE LOS ACCESORIOS

Para completar el acondicionamiento del baño y la cocina se tienen que fijar toda una serie de accesorios sobre el embaldosado, desde un simple soporte para las toallas, hasta los sanitarios o muebles de un peso relativamente importante. La fijación a la pared puede significar agujerear baldosas, recortarlas o el empotramiento en la pared. En muchos casos se puede recurrir al encolado.

AGUJEREAR LOS AZULEJOS

Una fijación sólida pasa por la colocación de un taco en el soporte. Para ello se tendrá que agujerear.

AGUJEROS

Es una operación bastante delicada si tenemos que realizarla sobre los azulejos o baldosas. Acabamos de embaldosar la pared, y ahora nos atrevemos a agujerearla con la broca del taladro. Para trabajar con la máxima tranquilidad deberemos tomar una serie de precauciones.

Determinar la posición de los agujeros, en el centro de un azulejo o entre las juntas. Una jabonera o un soporte para las toallas puede desplazarse un poco. Los cementos que constituyen las juntas presentan una superficie sobre la que la broca no corre el riesgo de resbalar.

Pero si decide agujerear en el mismo azulejo, por ejemplo, para colocar las fijaciones de un espejo, una buena solución consiste en pegar un trozo de cinta adhesiva en el lugar donde se debe perforar. Así, la broca no se moverá. Pese a todo, comenzar con una rotación lenta, si el taladro está equipado con un variador electrónico; sino, marcar el lugar con un punzón.

Después de colocar las baldosas, no olvidar la junta de impermeabilización.

A veces encontramos obstáculos que nos obligan a recortar las baldosas.

→
Página siguiente: arriba, para un agujero en el centro de la baldosa, se utiliza una cinta adhesiva para que no resbale la broca; abajo, agujero en la junta.

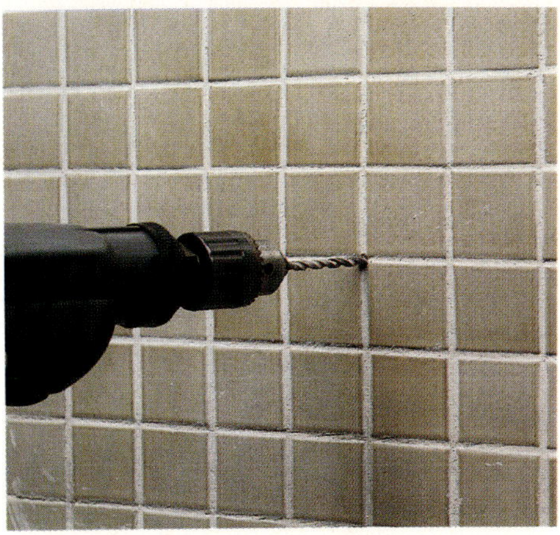

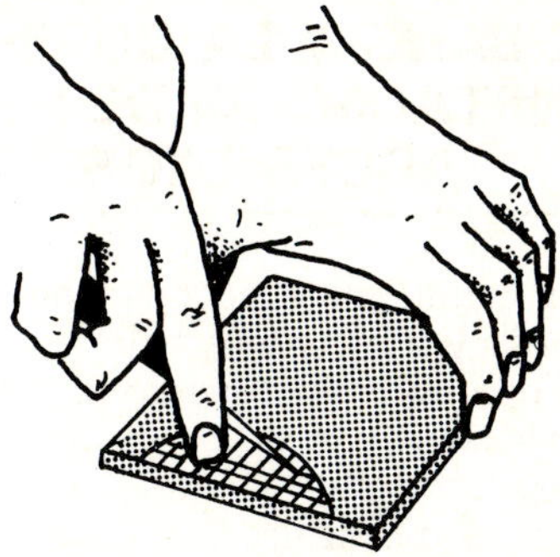

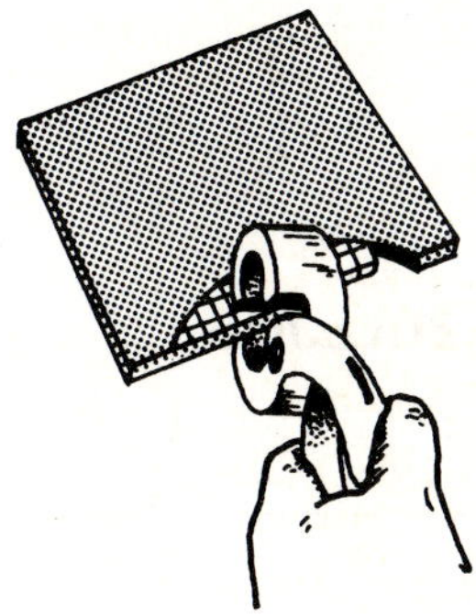

Recorte redondo: rayar la parte a eliminar y después quitarlo con una tenaza.

ELECCIÓN DEL TACO

No depende única y exclusivamente del diámetro del tornillo, sino también del objeto y de la naturaleza de la pared (hormigón, bloques, ladrillos huecos o macizos, planchas de yeso macizas o huecas, etc).

En las paredes macizas se recomienda utilizar tacos de plástico, con muescas o acanalados. Los primeros, cónicos, presentan una excelente resistencia al desprendimiento; los segundos, menos resistentes, cilíndricos, por lo general son suficientes.

Para los objetos más pesados, como los sanitarios suspendidos, que deben fijarse a una pared maciza, elegir tacos de expansión de metal: al atornillarse, se separan y se bloquean en la pared. Se trata de un material extremadamente resistente: se ha probado que puede aguantar el desprendimiento de un peso de 14 toneladas.

Para suspender un sanitario, también se pueden utilizar escuadras.

Para paredes huecas, utilizar tacos con aletas, de muelle, o también tacos de caucho de expansión. El principio de su mecanismo es parecido: un sistema, que se remonta sobre el fileteado tras el atornillamiento, bloqueándose detrás de la pared.

Un último consejo: en el yeso realizar un agujero de un diámetro sensiblemente inferior al de un taco para que se enganche mejor en este material desmenuzable.

COLOCACIÓN DE APARATOS ELÉCTRICOS

La instalación de una toma o de un interruptor implica el recorte del azulejo, en el lugar donde los conductos salen de la obra para una instalación empotrada.

Si se tiene que agujerear en el borde de una baldosa, marcar el contorno y después rayar la parte a eliminar con una punta de embaldosar. Enseguida separar los trozos con una tenaza. Terminar pasando una lima sobre los bordes del corte.

Si el recorte se debe realizar en el centro de la baldosa, taladrar toda una serie de agujeros, uno al lado del otro (o casi) sobre su perímetro. Durante el agujereado, colocar la baldosa sobre un trozo de madera. Usar también una cinta adhesiva para evitar que la broca resbale sobre la superficie de cerámica. Rayar la superficie central con una punta y a continuación, vaciarla con la boca en forma de cuña de un martillo. Desbarbar los bordes del corte con una lima. Éstos se pueden disimular más, aunque no será necesario dejarlos totalmente lisos.

EMPOTRAMIENTO EN LA PARED

Es una solución que se utiliza para todos los accesorios encajonados, como algunos modelos de jaboneras.

Prevenir el emplazamiento antes de comenzar a colocar los azulejos y ahuecar la pared en este lugar para formar la cavidad que los recibirá. El empotramiento se hace con yeso preparado con una proporción de una parte de agua por dos o tres de yeso. Reservar el empotramiento de mortero para las paredes de bloques y para los elementos que soportarán objetos pesados. El mortero de empotramiento se prepara con una parte de cemento por dos y media de arena mezclada con agua.

En las tiendas especializadas puede encontrar azulejos especiales que le ahorrarán todos estos trabajos de empotramiento. Se trata, por ejemplo, de

Elegir un taco adaptado al diámetro del tornillo y a la naturaleza de la pared.

la jabonera del toallero apoyada en un azulejo o en varios. Estos elementos especiales se colocan como los azulejos normales, pero sin embargo se deben mantener bloqueados contra la pared hasta que el mortero-cola se haya secado completamente; sino, no podrá mantener el peso de aquellos accesorios que soportan. Utilizar una cuña recortada a la medida adecuada para que el elemento saliente pueda reposar por encima.

ENCOLAR SOBRE LOS AZULEJOS

Los tipos de cola disponibles hoy en día nos permiten numerosas posibilidades, y en particular la de fijar los accesorios de cocinas y baños directamente sobre los azulejos. Para este empleo tiene a su disposición tanto las colas «contacto» (con neopreno), como las colas epóxidas e incluso las de ácido acrílico.

Las primeras se aplican en doble encolado. El soporte y la parte a fijar se encolan después de desengrasar y secarlas. Después de la aplicación, se debe esperar unos quince minutos para fijar la pieza contra el soporte. La adherencia es instantánea: no se puede realizar ninguna modificación una vez colocada. Las colas de neopreno también se encuentran en sustancia gelatinosa, de modo que no se derraman; eliminar las barbas después del secado, usar acetona o un disolvente recomendado por el fabricante. Este tipo de colas, resistentes a la humedad, se prestan a usarse en los baños.

Las colas con ácido acrílico están consideradas entre las más potentes (hay que tener en cuenta que si le cae una sola gota en los dedos, enseguida deberá consultar a un médico). Se adhiere instantáneamente. Este producto ofrece una gran resistencia al agua y a la tracción. Pero también resulta muy caro...

Las colas epóxidas se llaman así por sus «dos componentes»: una resina y un endurecedor. La mezcla se aplica sobre la pieza a encolar (siguiendo las instrucciones del fabricante). El resultado es una gran resistencia al arrancamiento... y el precio es relativamente elevado. Las manchas se limpian con alcohol de 90°.

Estos son tres tipos de colas que puede emplear: reservarlas, pese a todo, a utilizaciones determinadas (suelen ser bastante caras) y para los objetos menos pesados.

Siempre que sea posible, agujerear en las juntas.

LA COLOCACIÓN DEL SUELO

Las baldosas del suelo se fabrican de forma que duren muchos años. También exigen un soporte apto para acogerlas. Existen dos soluciones: crearlo, lo que supone realizar un pavimento; renovarlo y prepararlo para soportar las baldosas. Esta segunda hipótesis puede exigir diferentes operaciones que detallaremos a continuación.

LA PREPARACIÓN DEL SOPORTE: PRINCIPIOS GENERALES

Además de las cualidades propias del material, el éxito de un embaldosado depende, en gran medida, de la manera como se haya preparado el suelo, el soporte de la colocación. Sólido, limpio, seco y plano, es un trabajo importante para el cual habrá que utilizar las técnicas y los materiales de albañilería, que se realizan por ejemplo al emprender la construcción de un local. Si solamente queremos hacer un cambio de decoración, como por ejemplo reemplazar el revestimiento del suelo, recubrir un viejo parquet o un embaldosado pasado de moda, se deberán llevar a cabo operaciones fáciles pero precisas e imprescindibles.

PAVIMENTO DE HORMIGÓN

Lo puede hacer usted mismo si la pieza a embaldosar se encuentra en una planta baja. Si es un primer piso, representa, en efecto, un peso importante que el techo y las paredes deberán soportar: es prudente, en este caso consultar a un profesional. Se tendrán que ajustar los pesos del embaldosado. Lo primero que hay que hacer es contestar la siguiente pregunta: ¿La construcción soportará este peso?

Si es una planta baja, el problema de la colocación es otro. El pavimento constituirá un soporte que debe reposar sobre una base estable; todo juego ulterior puede producir fisuras.

Realizar una excavación (en las que se enterrarán las canalizaciones de evacuación PVC, para los baños y cocinas) constituirá una tarea importante. La profundidad de esta excavación debe permitir acoger los diferentes niveles del suelo: capa de calizas recubiertas de grava de unos quince centímetros, pavimento de hormigón de unos 8 cm y capa de acabado de un espesor de unos 2 cm. Es decir unos 25 a 30 cm de espesor total, que representa un volumen de tierra y de escombros importantes, aunque sea una habitación pequeña. Hay que tener previstas las condiciones de evacuación antes de comenzar a trabajar.

Si tiene que pavimentar un piso que no sea una planta baja, tendrá que tomar una serie de precauciones. Asegurese de que la estructura del suelo puede resistir el peso.

Canalizaciones de evacuación enterradas antes de realizar el adoquinado.

¡Ya tenemos el pavimento!

Algunos fabricantes proponen elementos prefabricados que permiten construir rápidamente un suelo. Estos materiales pueden evitarle duraderos y a veces fastidiosos trabajos de albañilería que debe llevar a cabo para realizar un embaldosado.

La realización de un pavimento exige la preparación de gran cantidad de hormigón y, consecuentemente, gran cantidad de material necesario (cemento, arena, grava) para efectuar el pavimento de una sola vez. Para este efecto, será necesario adquirir una hormigonera para realizar el trabajo con mayor rapidez y menos esfuerzos por su parte: este equipamiento es indispensable ya que se tiene que disponer de 350 kg de cemento para obtener un metro cúbico de hormigón. Existe la posibilidad de alquilar esta máquina, o si necesita grandes cantidades, puede encargar el hormigón fabricado industrialmente. En este caso, será preciso pedir ayuda para colocarlo.

El conjunto de estos materiales y las herramientas necesarias representa una suma de dinero importante, teniendo en cuenta que debemos sumar el importe de las baldosas. Este trabajo lleva un tiempo, y además se tiene que añadir el período de secado del pavimento y también el de la capa que lo va a recubrir. Es conveniente considerar estas cuestiones: llamar a un albañil para que realice esta obra... Pedirle un presupuesto lo más detallado posible.

LA CAPA DE CEMENTO

Recubre la capa de hormigón y tiene un espesor aproximado de 2 cm. Su función no es soportar los esfuerzos debidos a la carga del embaldosado, sino tapar las pequeñas irregularidades de la superficie.

Este tipo de capas no se reservan exclusivamente para los pavimentos, sino que también se emplean, por ejemplo, sobre viejos pero sólidos suelos o sobre toda superficie que, una vez quitado el revestimiento, presenta un aspecto irregular. En este caso, emplear un producto de revique autoalisante ya preparado (es suficiente con mezclar agua según las proporciones notificadas en el embalaje).

→ *La capa puede a veces reemplazarse por una capa de un producto de revoque autoalisante, que se prepara mezclándolo con agua.*

La hormigonera permite preparar rápidamente la cantidad de hormigón necesario; será una herramienta indispensable para la realización de un pavimento.

Utilizar una escala para definir los diferentes niveles del suelo y un listón largo en el canto para regular el pavimento.

CEGESOL
B
de lissage
ciment

Si decide embaldosar el suelo, primero tendrá que quitar la moqueta que lo recubre (arriba, a la izquierda), después quitar todos los restos de cola y desengrasar con un poco de tricloroetileno (arriba).

SACAR LOS REVESTIMIENTOS VIEJOS

En el caso de que un embaldosado o adoquinado de piedras pueda servir de soporte al nuevo embaldosado, e incluso un viejo suelo reforzado (lo veremos más adelante), es necesario que quitemos del suelo la moqueta o el revestimiento plástico (losas de caucho sintético, revestimientos vinílicos o de linoleum).

Si la moqueta o la alfombra es semifija, o está colocada sin encolado es decir, está sostenida por los bordes con una unión entre suelo y alfombra por una cinta adhesiva de doble cara, no tendrá más dificultad que retirarla. En general, solamente se encuentran estos dos tipos de materiales para recubrir los suelos, los cuales son muy útiles para aislar de la fría temperatura del suelo, sobre todo en invierno. Si este es en concreto su caso, los trabajos preparativos serán relativamente fáciles y rápidos.

Una vez que se ha sacado el material, asegurarse de la calidad del soporte. Prestar atención sobre todo en aquellos suelos en los que había una moqueta de arpillería: este tipo de instalación tiene el efecto de volver un revoque en superfluo. Pero una vez que se ha quitado el revestimiento se debe preparar correctamente el suelo.

Si la moqueta o revestimiento plástico está encolada, eliminarla por completo no es una tarea fácil. Las colas utilizadas se adhieren muy bien a la capa de la moqueta y al arrancarla siempre quedan restos. Hay que rascar completamente para no comprometer la adherencia del mortero-cola necesario para la fijación de las baldosas. Utilizar un di-

solvente adecuado (según la cola empleada, normalmente de celulosa o de neopreno: usar acetona; acrílicas sobre el hormigón: el disolvente adecuado a la marca de la cola, etc); desoxidar, rascar, y cepillar hasta obtener una superficie completamente limpia y sin ningún tipo de restos.

Es todo un alivio saber que la colocación de la moqueta encolada se realiza normalmente sobre un embaldosado o un suelo de hormigón, y que existen muchas posibilidades de que el soporte esté bien preparado. Si se trata de hormigón, lo más probable es que no tenga que realizar ningún tipo de reparación, a no ser que al desenganchar la moqueta se haya deteriorado la capa. Si se trata de un embaldosado, es de suponer que el soporte ya ha sido verificado y consolidado adecuadamente antes de proceder a la instalación de la moqueta...

Tanto si se trata de los revestimentos que ya hemos nombrado o de otro tipo de materiales que recubren el suelo, en el momento de quitarlos se deberán realizar trabajos más o menos importantes.

Si queda encolada la parte trasera de la moqueta en algunas zonas, usar un disolvente o acetona para desprenderlas. Eventualmente habrá que revocar algunos trozos de la superficie. Pulir después del secado del producto.

PREPARAR UN EMBALDOSADO VIEJO

Un embaldosado, aunque también un pavimento, pueden constituir un buen soporte. El nuevo embaldosado elevará la superficie actual del suelo. Esto puede ser fastidioso debido al nivel del suelo de la(s) habitación(es) contigua(s) y por la altura de la puertas, que se tendrán que cepillar.

Verificar que las baldosas están perfectamente adheridas y que el conjunto presenta una superficie bien plana. Si el embaldosado está hundido en algunos sitios, es señal de problemas más importantes, relativos a la estructura misma del pavimento y es mejor solucionarlo primero.

Si algunas baldosas tienen tendencia a desencolarse, es también una señal: no será suficiente con volverlas a colocar. La humedad puede ser la causa, la cual se debe remediar inmediatamente.

Desengrasar bien (con sosa cáustica) las baldosas implantadas y encoladas con anterioridad.

Si las superficies presentan ligeros defectos de nivel, se regularán con la ayuda de un producto de revoque. La colocación de las baldosas se realizará al día siguiente.

PREPARAR UN PARQUET

Un parquet viejo puede también ser un soporte aceptable, con la condición de no aplicar el mortero-cola directamente encima. La madera corre el riesgo no sólo de absorber la humedad contenida en el producto, indispensable para una buena adherencia, sino también de sufrir, con el paso de los años, deformaciones que se transmitirán entonces

Sobre un embaldosado viejo...

Después de un buen desengrase con sosa cáustica, dejar secar el embaldosado viejo. Extender una capa de cola de neopreno diluida al 50% en tricloroetileno: ésta constituirá una perfecta capa de enganche del nuevo embaldosado.

Si el embaldosado está en mal estado, es mejor retirarlo y rehacer una capa si es necesario antes de colocar las baldosas. Sin embargo es perfectamente posible fijar un suelo de planchas conglomeradas a fin de obtener una superficie perfecta (abajo, taladro para atornillar las maderas conglomeradas).

Arriba, a la izquierda: cierre de los intersticios. Un producto de revoque se ha colocado en el suelo de la habitación (abajo). Si el embaldosado se debe colocar sobre un parquet, prepararlo y retirar los clavos que puedan existir y rascar la madera.

al embaldosado. Sería la causa de fisuras en las juntas y desempotramiento de las baldosas. Sin embargo, no es una aberración colocar un embaldosado encima de un parquet: será totalmente posible si se colocan unos productos adecuados y se toman las precauciones pertinentes.

La primera cosa que se debe asegurar es que las vigas soporten bien y sin ningún tipo de riesgo el peso del nuevo revestimiento. Si se trata de un parquet mosaico colocado sobre un pavimento de hormigón, verificar que todos los elementos se adhieren correctamente. Resolver los defectos que puedan aparecer con una cola resistente a la humedad o con una cola epóxida.

Si el parquet es de los tradicionales, de láminas de madera, se deben realizar una serie de intervenciones destinadas a consolidar y limpiar la superficie para que ésta quede preparada para recibir la capa de alisado. También se puede mejorar la adherencia aplicando una capa de enganche especial, que servirá de intermediario entre las láminas de parquet y el mortero-cola o la cola.

Proceder a la limpieza del parquet (arriba, a la izquierda), lavarlo (arriba, derecha), desengrasar si es necesario (abajo, izquierda). Revocar los espacios entre las láminas con una pasta de madera (y con cordeles si son muy grandes).

LIMPIEZA

Si el parquet tiene manchas de cera, se deben eliminar por completo. Este trabajo pondrá en evidencia las diferentes impurezas y manchas de grasa que puedan aparecer en la superficie. Utilizar tricloroetileno para desengrasar, rascar la suciedad y quitar las manchas más persistentes con un cuchillo.

CONSOLIDACIÓN

Si las láminas chirríen, se debe probablemente a que están mal fijadas. Retirar los clavos viejos (si la cabeza sobresale lo suficiente como para cogerlos con la tenaza) o extraerlos con algo de punta. Hacer un agujero en el eje al que corresponda una viga justo debajo. Recubrir los agujeros con la pulpa de

Fijar las láminas que chirríen o se mueven. Clavarlas.

El producto de revoque ahora puede ser vertido sobre el parquet preparado.

madera. También se deben tapar las grietas que existan entre las láminas; si son bastante profundas entonces podemos rellenarlas con periódicos o cordeles. No olvide que es totalmente imprescindible tapar todos los agujeros por los que se puedan colar los productos alisantes.

Si por algún motivo considera que el trabajo de preparación del suelo será muy dificultoso, puede solucionar este problema rápidamente recubriéndolo con planchas de madera previamente tratados contra la humedad. Éstas le darán una superficie plana sobre la cual podrá colocar las baldosas, además le evitarán los trabajos fastidiosos de preparación.

LOS SUELOS HÚMEDOS

No es normal que los suelos de pisos altos estén afectados por la humedad. La circulación de aire en una casa basta para combatir este fenómeno. Pero no ocurre lo mismo con suelos de plantas bajas, con o sin cámara de aire debajo.

En cualqier caso, se debe saber si el suelo es húmedo antes de proceder al embaldosado. Como en el caso de las paredes, una humedad residual arruinará antes o después todos los esfuerzos realizados por colocar baldosas de gran calidad, así como también el tiempo que habremos empleado en la obra. Por este motivo, si realiza un pavimento de hormigón, tenga la precaución de cerciórarse de que está bien seco antes de embaldosar. Para una capa el período de secado es de ocho días.

Para conocer el origen de la humedad fijar en el suelo una hoja de plástico transparente. Si se forma vaho encima, se debe a la condensación; debajo del plástico, la presencia de humedad señala las subidas por capilaridad o un suelo insuficientemente seco. Diversos productos le permitirán impermeabilizar el suelo, impedir toda circulación de agua a través del hormigón, contener los remontes de humedad, impermeabilizar el pavimento, todo esto a fin de preparar una perfecta adherencia a la capa o al revestimiento de revoque. Pedir consejo a los profesionales o en las tiendas especializadas.

Tomando como hipótesis que el embaldosado se tiene que realizar sobre un parquet, la capa y el embaldosado formarán una barrera impermeable, no permitiendo el cambio higrométrico entre la pieza y el local (en el sótano) situado debajo. La madera está sometida a un exceso de humedad, que a la larga, será causa de deformaciones. En el embaldosado, las consecuencias pueden ser catastróficas. Para evitarlo, hay que crear «bocas de ventilación», entre las vigas. El método es sencillo: señalar los puntos de empotramiento de las vigas en ambos lados; marcar estos emplazamientos en la parte baja de las paredes y, una vez colocado el revestimiento, hacer una pequeña abertura entre las vigas, en la parte baja de la pared, agujereando el embaldosado y el suelo. Estas «bocas» se disimulan con cenefas o pequeñas rejillas.

El producto de revoque (autoalisante) formará una capa fina que servirá de soporte al embaldosado.

La fijación de las planchas de madera (atornilladas) es una buena manera de tapar las irregularidades del suelo.

REALIZACIÓN DE UN PAVIMENTO

Si se trata de una planta baja, el adoquinado deberá realizarse, dependiendo del caso, directamente sobre el suelo de tierra batida o bien encima del sótano si lo hay.

En el segundo caso, es preferible aislar previamente, con la ayuda de productos y medios especiales, el pavimento de la estructura que se apoya directamente sobre las paredes de los cimientos, a los que se recomienda proteger por debajo del nivel del suelo, de las infiltraciones de agua provenientes de arroyadas o de capas subterráneas. Para ello el maestro de obras habrá instalado un desagüe y/o aplicado un revoque de impermeabilización en las paredes. Realice usted mismo este trabajo, encontrará productos indicados en tiendas especializadas, o hágalo hacer si existen infiltraciones de agua en el subsuelo. Con el tiempo, si la base de los muros no está protegida, las subidas por capilaridad acabarán sin duda por deteriorar el revestimiento del suelo y el de las paredes de las demás habitaciones que se encuentren en la planta baja.

Si el pavimento se realiza sobre una superficie de tierra batida, extender una capa de polietileno encima de la capa de grava y guijarros, que evitará las afloraciones de humedad. Colocar otra en los muros periféricos, de manera que sobresalga un poco del nivel del pavimento que debe realizar. Algunos fabricantes aconsejan, además, la instalación de planchas aislantes de poliestireno encima de la capa de polietileno. Otros también aconsejan agregar a la preparación del hormigón del pavimento productos aislantes. De una u otra manera todos insisten en tomar medidas de precaución contra de la humedad al construir un pavimento.

LA PREPARACIÓN DEL HORMIGÓN

Es indispensable trabajar con una hormigonera. Calcular la cantidad de hormigón necesario, sabiendo que la capa, al secarse, debe tener unos 10 cm de espesor. Para cada metro cúbico se necesita: 0,51 m^3 de arena, 0,75 m^3 de grava y entre 300 y 350 Kg de cemento. Invertir dinero en la compra de una hormigonera puede ser interesante si tiene previsto llevar a cabo trabajos importantes, de lo contrario más vale alquilarla.

La mezcla de arena y grava, con la argamasa que constituye el cemento (normalmente se utiliza cemento Portland del tipo CPJ 45), se remueve todo con agua, lo que produce el hormigón. El tiempo de preparación del hormigón, depende de la capacidad de la máquina, es corto. Hay que respetar las indicaciones. Si se deja mucho tiempo los componentes se separan, y si es muy breve el hormigón no tendrá la homogeneidad suficiente.

Una capa de polietileno extendido antes del hormigón protegerá al suelo de las afloraciones de humedad.

Una vez calculada la cantidad de hormigón necesario, se ve la necesidad de emplear una hormigonera.

Antes de verter el hormigón, hundir bloques de madera sobre montones de hormigón.

REALIZACIÓN DEL PAVIMENTO

El primer objetivo es obtener una superficie perfectamente plana y nivelada, según las marcas que se habrán realizado con anterioridad en las paredes.

Para ello se colocan listones de madera que permitirán nivelar la superficie del pavimento. Se trata del mismo principio que el utilizado para la realización del revoque de la pared. Clavar los listones de madera ya sea sobre montones de hormigón o sobre bloques de madera hundidos en hormigón. Verificaremos la horizontalidad con un nivel.

Verter enseguida el hormigón y estirarlo con una tabla que se deslizará sobre las cuñas de espesor. Cuidado con el sentido del trabajo: comenzar por el fondo de la pieza y retroceder hacia la puerta de entrada. A medida que se vaya colocando el hormigón, aplastarlo bien para que se agarre correctamente sobre la capa de grava y para que no se formen burbujas de aire.

Fijar listones largos que harán de guía sobre los montones de hormigón o sobre cuñas de madera (arriba, izquierda).
Colocar los listones y verificar que están bien horizontales (arriba).
Una vez colocadas las guías, se puede verter el hormigón. Comenzar a repartirlo con un rastrillo.

Extender el hormigón deslizando la tabla sobre las guías y después retirarlas.

Rellenar los vacíos.

Antes de que el hormigón se haya endurecido, retirar las tablas guías y rellenar los vacíos. Si la habitación no es muy grande, le bastará con dos tablas.

Para que se seque y endurezca totalmente, el hormigón puede necesitar dos meses. Si hace mucha calor, rociar el adoquinado de vez en cuando para evitar que se resquebraje por una evaporación muy rápida del agua contenida en la mezcla.

Evitar preparar el hormigón cuando hace mucho frío porque se puede congelar. Pero, si no tiene más remedio, puede utilizar anticongelantes especiales (que se añaden a la mezcla) que lo protegerán y acelerarán el proceso.

El hormigón ya preparado es muy útil para pequeñas cantidades o como complemento.

Hormigón ya preparado

Para los pequeños trabajos, utilizar preferentemente hormigón ya preparado. Disponible en sacos, todos los «ingredientes» están dosificados (arena, grava, cemento). Sólo hace falta mezclarlo con un poco de agua.

LA CAPA DE REVOQUE

Una capa de revoque se realiza con cemento y arena (unos 50 Kg del primero por unos 50 l del segundo), mezclados con agua. Esta capa permite alisar y acabar de nivelar el pavimento de hormigón. Este último presenta todavía algunas asperezas (debido a un alisado basto, ver más arriba), lo que no constituye un inconveniente sino que mejora las condiciones de agarre de la capa.

Ésta, junto al pavimento, constituirá la base del embaldosado. Si el suelo de hormigón es viejo, humedecerlo y extender sobre el mismo un poco de cemento puro para mejorar la adherencia de la capa que lo recubrirá.

La capa debe tener un espesor de 2 cm como mínimo. Se deberá construir un suelo del mismo nivel que el de las habitaciones contiguas. Tener esto en cuenta y no olvidar el espesor del revoque.

Al igual que para el pavimento, clavar listones de guía sobre montones de mor-

Arriba, preparación del mortero para la realización de la capa. Mezclar arena y cemento, formar un cráter y verter el agua de la mezcla. Abajo, definición del nivel de la capa.

tero. Comenzar cerca del umbral de la puerta de la entrada, de manera que se pueda basar en el suelo de la habitación contigua, después de restarle el espesor del embaldosado.

Instalar dos listones (o más, si es necesario) espaciados por lo menos dos metros. Verificar la horizontalidad de cada uno de ellos. Cerciorarse de que estén al mismo nivel. Para ello, colocar una regla de madera encima de ambos y poner encima el nivel de burbujas. Rectificar eventualmente la posición, si alguna de las partes está más larga o más alta, añadiendo o sacando mortero.

Una vez instaladas estas guías, extender el mortero y después igualarlo con una regla deslizándola sobre los listones. Rellenar los vacíos e igualar el nivel. Alisar progresivamente con la llana a medida que vaya retrocediendo.

Esperar aproximadamente unas tres horas antes de quitar los listones que han servido para nivelar la capa. No pisar el suelo antes de que transcurra este tiempo. Elevarlos por un extremo y desplazarse por el surco que han dejado. Rellenar enseguida estos vacíos con mortero y alisar.

La capa se seca al cabo de unas ocho horas. Dejar las ventanas abiertas durante este tiempo y rociar la construcción de vez en cuando si hace calor (evitará la aparición de fisuras).

Como para el adoquinado, usar guías para deslizar la tabla sobre el mortero. Terminar alisando.

COLOCACIÓN DEL EMBALDOSADO EN EL SUELO: PRINCIPIOS GENERALES

Según la naturaleza del soporte y de las condiciones particulares de la habitación, se deberán elegir diferentes técnicas. Se distinguen principalmente: la colocación sobre un baño de mortero, la colocación empotrada y la colocación encolada. Por otra parte, la disposición de las baldosas se puede realizar en línea recta o en diagonal. En el caso de que se deba componer un motivo, inevitablemente tendrá que pasar por a una serie de dificultades adicionales.

LA DISPOSICIÓN DE LAS BALDOSAS

Se realiza, por lo general, a partir del centro de la pieza. De este modo, las baldosas recortadas se colocarán en los bordes, contra las paredes; los elementos enteros ocuparán el centro de la habitación. Para definir el centro del local, trazar un primer eje donde el punto de partida será el centro del umbral de la puerta principal o uno de sus lados. Fijar el cordel en este preciso lugar y marcar una primera línea estirando el cordel hasta la pared de enfrente.

Colóquese en el centro del primer trazado, y, con ayuda de una escuadra larga, esbozar el segundo eje que será perpendicular a éste. Si la pieza tiene que reforzarse, tome la consecuente discontinuidad de la pared como base pare el nuevo eje, aunque este último no cruce por el centro exacto del primer eje. De este mo-

do los cortes estarán disimulados por el ángulo de la pared, invisibles desde el umbral de la puerta.

Una vez que se ha marcado el segundo eje, la habitación estará dividida en cuatro partes que se pueden ir recubriendo provisionalmente. Es aconsejable hacer una colocación previa ficticia: permite asegurar la manera en que las baldosas estarán dispuestas y, eventualmente, desplazar el centro de partida definido por el cruce de los dos ejes. Así pues, arrégleselas para que los recortes se vean lo menos posible.

Si opta por una colocación en diagonal, trazar en el suelo las diagonales con respecto a los ejes perpendiculares definidos. Atención, estas diagonales tiradas a partir del cruce de los dos ejes precedentes no se juntarán forzosamente con los ángulos de la habitación, lo que demuestra la importancia de efectuar un trazado previo, tal como ha sido indicado.

Si el reparto de baldosas a ambos lados de los ejes comporta recortes poco estéticos, mover las hileras para que los cortes sólo queden en un lado, donde se verán menos.

Arriba, izquierda: trazado del eje de la habitación a partir del umbral de la puerta.
Arriba: marcación del eje perpendicular al primero.
Abajo: trazado del segundo eje.

Colocación sobre un baño de mortero: las baldosas se colocan antes de que se seque la capa.

Desplazar la tabla guía a medida que se van colocando las baldosas. Atención: respetar un espacio regular entre las baldosas y las hileras.

Durante la colocación provisional de las baldosas (también podrá establecer un plano sobre una hoja de papel milimetrada) no olvide calcular la anchura de las juntas. Prevenir, además una junta de dilatación para las habitaciones de una superficie superior a los 12 m^2 o para los corredores de más de 8 m de largo. Esta junta, de unos 5 mm, absorberá el movimiento del material y podrá disimularse con cenefas.

LA COLOCACIÓN

Una vez que esté completamente seguro de la manera en que va a colocar las baldosas, comenzará a colocarlas. El baño constituye una excepción a este principio que veremos más adelante.

COLOCACIÓN SOBRE UN BAÑO DE MORTERO

Es, en realidad, la técnica tradicional de los soldadores. Exige una gran habilidad ya que sólamente tendrá buenos resultados cuando la capa no está seca por completo. Las baldosas se colocan sobre una capa de mortero, bien alineadas según una guía que se desplaza cada vez que haya colocado una hilera. Se asegurará progresivamente de la perfecta horizontalidad de la superficie embaldosada haciendo uso del nivel.

Hay que actuar antes de la completa solidificación del mortero. Es la principal dificultad que presenta este método y por este motivo es mejor reservárselo a los profesionales.

Colocar las baldosas de barro cocido. Extender el mortero-cola con una espátula dentada (arriba, derecha) y colocar las baldosas. Encolarlas (abajo, izquierda) para darles un buen asentamiento sobre el mortero-cola. Controlar la horizontalidad. Intercalar cada vez las varillas en cruz (abajo, a la derecha).

LA COLOCACIÓN EMPOTRADA

Es un procedimiento derivado del anterior, pero se realiza sobre una base seca, con un mortero predosificado, llamado «mortero-cola». Este producto, mezcla de cemento y resina sintética, debe diluirse en agua antes de su aplicación con la espátula dentada. Su utilización es aconsejable para los locales húmedos (baños, cocinas).

Extender el mortero cola sobre un espesor de 1,5 cm, colocar las baldosas después de haberlas humedecido. El endurecimiento del mortero-cola, y por tanto el empotramiento de las baldosas, empieza al cabo de 24 horas aproximadamente, período después del cual se puede proceder al rejuntado.

También es posible colocar un embaldosado sobre uno viejo o encima de un revestimiento plástico. Asegurarse primero de que el suelo esté en buen estado y bien plano (arriba, izquierda). Preparar enseguida el producto de enganche de dos componentes (arriba, derecha) y extenderlo con el rodillo (abajo, a la izquierda). Al día siguiente, después del secado del primer enganche, colocar el mortero-cola.

LA COLOCACIÓN DE COLA

Es muy fácil de realizar. Esta técnica sólo se reserva para los embaldosados pequeños, que no sobrepasen los 200 cm². La cola se extiende con una espátula y se colocan las baldosas, hilera por hilera como en el caso precedente, controlando siempre el alineamiento y la horizontalidad. El rejuntado se realizará después de que se haya secado la cola, unas 12 horas más tarde.

Sea cual sea el método de colocación elegido se deben conocer algunas reglas comunes:

— comenzar la colocación en dirección opuesta a la de la entrada de la habitación;

— emplazar las juntas principales de forma paralela a la ventana principal;

La colocación se realiza del centro hacia los bordes. De vez en cuando colocar una tabla sobre las baldosas y golpear con un mazo (abajo, izquierda).
Abajo a la derecha: poner cola.

— Respetar el ancho de las juntas recomendado por el fabricante: 2 mm para aquellos embaldosados de más de 200 cm²;

— utilizar varillas en cruz para formar juntas bien regulares;

— esperar al secado completo de la cola o del mortero antes de realizar el rejuntado;

— realizar una junta de dilatación periférica cuando la superficie del local sea superior a 12 m².

Arriba, a la izquierda: trazado de la línea de corte con una punta. Arriba, derecha: para cortar, sostener la tenaza con la boca de ésta en medio del trazado. Abajo, a la izquierda: corte efectuado. Abajo, derecha: colocación del elemento recortado.

LOS CORTES

Rubí, punta, separador, tenaza: el material es exactamente el mismo que el utilizado para alicatar las paredes. Puede completar su utillaje con una mola para cortar el barro cocido: es el medio más adecuado y eficaz para recortar materiales frágiles.

Cuando las baldosas se colocan desde el centro hacia las paredes, efectuar los cortes a fin de colocar los elementos complementarios de cada una de las hileras o

Tres etapas para calcular con precisión un corte para un ángulo saliente.

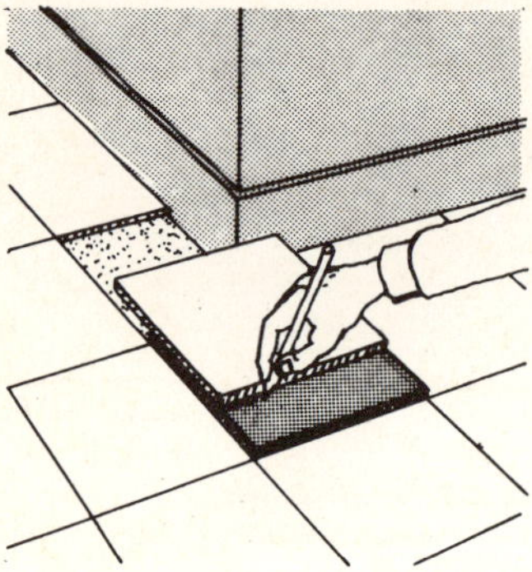

Trazado para el recorte de un borde.

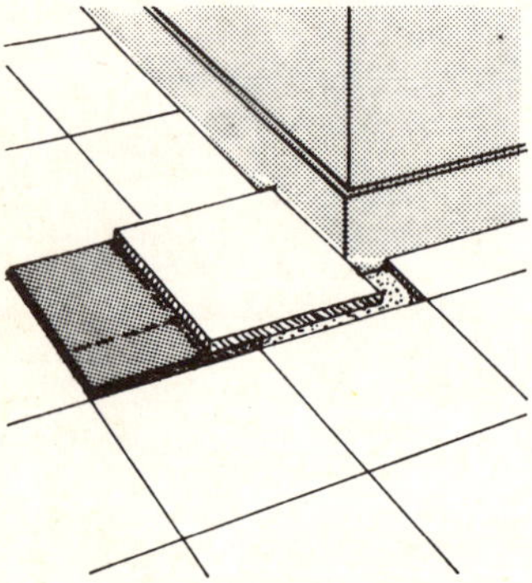

Recorte del barro cocido con una mola.

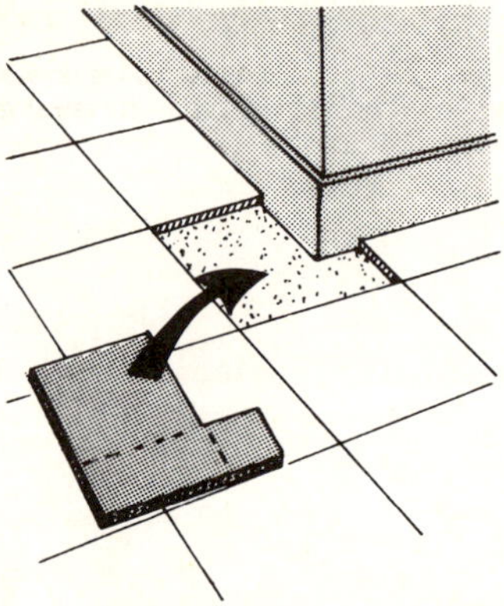

Colocación del elemento recortado.

Es preferible realizar los cortes en serie, una vez efectuados todos los trazados.

Calcular el corte

Un método seguro para calcular con precisión un corte es yuxtaponer la baldosa que se debe cortar sobre la última baldosa colocada; poner encima una tercera baldosa y colocarla contra la pared. Trazar la línea de corte sobre la baldosa intermedia, siguiendo el canto de la baldosa superior.

Para los grandes formatos, es posible proceder de esa manera, después de rayar la baldosa con el rubí.

al contrario, si el perfil de la pared es bien rectilíneo, en una sola operación, una vez el conjunto del embaldosado está colocado. Esta última solución permite trabajar en serie, con más rapidez. Pero cuidado con los errores de cálculo.

Tomar las medidas necesarias del espacio que hemos de rellenar, deduciendo el ancho de la junta con la última baldosa. No juntar la baldosa contra la pared; dejar algunos milímetros que el zócalo recubrirá.

Para los recortes particulares, como para los pies de los sanitarios o las canalizaciones, por ejemplo, proceder con un taladro (equipado con una broca de carburo de tungsteno), según el método ya descrito en la página 48. Sólo cuando haya recubierto por completo el suelo podrá pasar a efectuar las juntas.

El rejuntado se realiza con griffi (este producto se puede colorear). Se prepara diluyéndolo en agua. Verter enseguida sobre el embaldosado. Proceder al rejuntado cuando la cola o el mortero-cola esté bien seco (dos días).

> **En diagonal**
>
> *Cuando el griffi se extiende sobre el embaldosado pasar el rascador para rellenar las juntas. Durante las operaciones de limpieza de los restos de cemento (antes de que se fragüe por completo), pasar la esponja, el trapo o la arpillera, siempre en diagonal para no vaciar las juntas. Alisar con el dedo (ponerse guantes si es alérgico a este producto) o con un palo pequeño.*

EL REJUNTADO

Se debe realizar después del secado total del mortero-cola o de la cola, 12 a 24 horas. Tiene como objetivo mejorar la adherencia de las baldosas entre ellas y contener las eventuales contracciones y movimientos de la superficie embaldosada, así como las deformaciones eventuales de la base. Tiene también una función decorativa, algunos cementos de rejuntado están coloreados de origen, otros pueden colorearse agregándoles tintes.

El rejuntado se realizará de una sola vez, ya que los restos pueden ser visibles después del secado del cemento. Para ello se usará un producto especial llamado «griffi», cuyo modo de preparación es muy sencillo y se indica en el envase.

Verter el griffi sobre el embaldosado y extenderlo con una rasqueta de caucho (algunos modelos con mango son más fáciles de coger). Esta operación tiene como objetivo rellenar las juntas que deben emparejarse con la superficie de éstas.

Extender el griffi con una rasqueta de caucho, para que el producto penetre bien en las juntas. Secar enseguida con un trapo limpio.

Espolvorear la superficie con cemento seco: esto mejora la dureza de las juntas y contribuirá a la limpieza de los restos de griffi. Dos horas después, en el momento en que comience a fraguarse, esparcer un poco de serrín y frotar con una escoba. No emprender esta operación antes del tiempo indicado, pues el serrín podría mezclarse con el cemento de rejuntado. Pero tampoco esperar más, ya que el griffi, endurecido, sería difícil, si no imposible, de eliminar.

Terminar pasando una esponja húmeda sobre las baldosas. Volver a espolvorear con serrín si es necesario, lo que acabará por absorber la humedad. Barrer para quitar todos los restos.

También se puede extender el griffi con un trapo seco (arriba, izquierda). Espolvorear con un poco de serrín cuando se haya acabado el rejuntado (dos horas después) y frotar con una escoba (arriba, derecha). Esto puede acelerar el proceso de solidificación. Abajo, colocación de los zócalos de las baldosas.

No dejar entrar a nadie en la habitación durante al menos dos días, período de secado total de las juntas. Si es necesario pasar por ahí, colocar planchas encima.

Los zócalos

Antes de renovar el suelo y prepararlo para recibir el embaldosado, quite los zócalos de madera. Trabajará mejor, y cuando acabe de embaldosar, reemplácelos por zócalos de baldosa.

EL BAÑO: COLOCACIÓN EMPOTRADA

Como indicamos anteriormente, el baño constituye una clara excepción en lo que concierne a los ejes y al punto de partida de la colocación. No se tiene que tomar como base el umbral de la puerta sino el ángulo de la bañera. Tampoco se parte del ángulo de las paredes.

Para definir la primera parte a embaldosar, colocar la regla en el suelo, en la prolongación de uno de los lados de la bañera. Fijarla provisionalmente en el suelo. Contar un largo aproximado de 50 cm, correspondiente a un número entero de baldosas (las cuales estarán colocadas de forma ficticia para la marcación) y disponer una segunda regla, ésta, perpendicular a la primera y paralela al otro lado de la bañera. Usar una regla larga (o un listón), que pueda alcanzar la pared por un lado y que alcance la primera regla por el otro.

Una vez colocadas las guías, humedecer el suelo antes de extender el mortero-cola sobre una superficie de 50

La colocación en un baño se realiza a partir de la bañera. Arriba, a la izquierda: trazado del principio. Arriba, derecha: colocación ficticia.
Abajo: preparación de la colocación contra dos listones guías.

cm² aproximadamente. Si la colocación se realiza con juntas rotas (desplazar una hilera sobre dos) la superficie no podrá corresponder a un número entero de baldosas. Colocar la primera fila contra la base de la bañera (dejando un pequeño espacio) y colocar las baldosas intercalando las varillas en cruz. Cubrir de esta manera toda la zona delimitada por

Arriba, izquierda: preparación de una superficie correspondiente a tres hileras.
Arriba, a la derecha: utilización de un cordel para calibrar las juntas.
Abajo, a la izquierda: control de la planura en el curso de la colocación.
Abajo, derecha: colocación de los elementos de los bordes después de recortarlos.

el lado de la bañera y la regla situada de forma paralela a la pared. Desplazar esta regla y colocarla perpendicularmente a la primera, 50 cm más allá. Así, una parte de la habitación se irá embaldosando progresivamente. Las guías ya no serán útiles para cubrir el resto del baño. Alinear comenzando por la hilera colocada a lo largo de la bañera e ir retrocediendo hacia la pared.

Las otras intervenciones (cortes y rejuntado) se realizan del mismo modo que las ya descritas. Siempre es bueno realizar una junta de impermeabilizacion (silicona) sobre las líneas que hay entre el embaldosado del suelo y el de la bañera. Ésta permitirá rechazar las posibles filtraciones que puedan provocar el desenganche de las baldosas. También evitará la formación de moho.

Arriba, izquierda: productos necesarios para la colocación de un embaldosado sobre el parquet.
La colocación sobre el parquet implica pasar previamente una capa primaria de enganche de los dos componentes: arriba, a la derecha, preparación del producto; abajo, aplicación con un rodillo.

LA CASA: COLOCACIÓN SOBRE PARQUET

Los trabajos de renovación (p. 58), habrán adecuado una superficie como base para soportar el embaldosado (atención a la sobrecarga de grava y las vigas, sobre todo si la habitación está en un piso, y no en una planta baja).

La colocación encima de parquet representa también una excepción, no en el momento de poner las baldosas (caso del baño), sino en lo concerniente a la naturaleza del soporte. Una primera reacción sería considerar incompatibles los materiales y llegar a la conclusión de que es imposible realizarlo.

Sin embargo, una colocación de este tipo es posible gracias a la intervención de ciertos intermediarios: una capa de enganche extendida con un rodillo después de realizar el suelo, una fibra de vidrio pegada, una capa de alisado (capa de revoque). La superficie está ahora preparada, después de que se seque, para recibir la cola de las baldosas.

Para mejorar el enganche de las baldosas, se pegará en el suelo una fibra de vidrio de malla. Seguidamente se extiende el mortero-cola con la espátula (arriba, derecha) y después se puede emprender la colocación.

Aparte de estos preparativos, la colocación de cola (aquí los riesgos de humedad no son los mismos que en un baño o una cocina) se realiza siguiendo los pasos ya expuestos (p.73). Sin embargo, puede permitirse partir de un lado de la pieza, y no del cruce de los ejes, a causa de un motivo particular y después se asegurará el ángulo de las paredes; una pequeña diferencia puede taparse disimulándola sobre las juntas del borde.

EMBALDOSAR LA ESCALERA

La particularidad aquí no es solamente la elección del material (ver la clasificación UPAQ, página 17) sino también la forma de los escalones, que implica una colocación vertical y horizontal alternada.

El interés en embaldosar una escalera en hormigón interior es evidente, tanto por razones estéticas como para el mantenimiento posterior. Para los escalones situados en el exterior, las razones son idénticas, pero con factores adicionales, ya que son un lugar de paso expuesto a las variaciones climáticas: una escalera embaldosada será más resistente y fácil de mantener. Para este empleo utilizará baldosas resistentes al hielo o de piedra natural.

Comenzar por limpiar el soporte de hormigón, y desengrasarlo con tricloretileno. Si trabaja en el interior, abrir las ventanas.

Si también desea embaldosar el rellano situado en lo alto de la escalera, co-

No es difícil construir algunos escalones de hormigón. El encofrado le dará la forma, unos golpes sobre las planchas (abajo, a la izquierda) contribuirán a sentar el hormigón.
Arriba: alisado; en la foto inferior, acabado con una esponja húmeda.

menzar por él. La colocación del embaldosado se hará a partir de lo alto de la escalera para evitar pisar las baldosas todavía frescas.

Se pueden encontrar algunos complementos especiales para los bordes de los escalones en las tiendas especializadas en materiales de construcción. Éstos permiten embaldosar al mismo tiempo la base y las aristas del escalón. Las baldosas estriadas son preferibles a las normales, ya que aquellas generalmente evitan los deslizamientos intempestivos.

Depositar la cola con la espátula dentada y proceder a la colocación de las baldosas sobre el escalón. Presionarlas sobre la capa de cola con un taco o cuña de madera. Conservar entre ellos las juntas necesarias. Estos elementos corresponden a las dimensiones estándars de los escalones. Sin embargo, si la escalera que realiza no tiene las medidas normales, hacerlo de forma que el escalón recubra el canto (el borde superior del escalón). Efectuar, si es necesario, un ajuste en la parte de atrás con elementos recortados.

La parte vertical del escalón se realiza con baldosas enteras o también con elementos más estrechos (zócalos, por ejemplo), recortados evidentemente a la altura adecuada. En el cualquier caso, hacer coincidir las juntas con los planos horizontales. Cuando la cola se haya secado, se efectuará el rejuntado con el griffi.

Limpiar los restos existentes de cemento de rejuntado. Si es posible, no pisar los escalones antes de 48 horas o colocar trozos de madera sobre el escalón para caminar.

Colocado en buenas condiciones, sobre soportes correctamente prepara-

Para embaldosar los escalones encontrará elementos especiales: baldosas que tapan los bordes, y baldosas estriadas.

Colocar las baldosas de manera que coincidan las juntas horizontales y verticales. Acabar rellenando las juntas con griffi.

EL CUIDADO DEL EMBALDOSADO

dos, el embaldosado será un revestimiento bonito y duradero. Para conservar la calidad y preservar el fruto de nuestros esfuerzos, convendrá aportar los cuidados adaptados a los diferentes materiales, en el momento oportuno. Así pues, se debe distinguir entre las intervenciones a realizar inmediatamente después de la colocación y las que se deben realizar con cierta asiduidad. Algunos productos y trucos le servirán para dar brillo a una baldosa mate o actuar contra manchas ocasionales.

DESPUÉS DE LA COLOCACIÓN

Los restos de griffi se eliminan (ver procedimiento), la humedad contenida en el suelo se evapora. Durante este tiempo, que es más largo si se trata de baldosas porosas, es posible que aparezcan algunas manchas blanquecinas (que se asemejan al salitre). Simplemente se trata de un velo de cemento dejado por la afloración de la humedad. De-

Después de la colocación, la primera cosa que se debe hacer es limpiar los restos de griffi.

Por lo general el cuidado de las baldosas es fácil: normalmente es suficiente con pasarle una escoba.

bemos ir eliminándolas a medida que van apareciendo. Las limpiaremos con agua un poco avinagrada. Pasar la arpillera y secar con un trapo limpio. También pueden usar productos ya preparados que encontrará en cualquier tienda y cuyas propiedades le permitirán disolver las manchas más rebeldes o aquellas que se han producido en el último momento.

No aplicar ningún otro producto impermeabilizante ni ninguna cera antes del secado completo del suelo: lo más prudente es esperar aproximadamente unos tres meses.

LA PROTECCIÓN Y EL MANTENIMIENTO

El cuidado del embaldosado es sencillo. Normalmente es suficiente pasar una escoba y una fregona húmeda (con agua enjabonada si es necesario).

Una amplia gama de productos puede completar estos simples métodos. Serán productos útiles para limpiar, abrillantar y avivar los colores del barro cocido, del gres o también para proteger e impermeabilizar las baldosas de barro cocido.

Aplicar sobre los materiales porosos un impregnador (impermeabilizante) o una mezcla de gasolina y aceite de lino (a partes iguales), para que se sature antes de la utilización de cualquier otro producto. Estas precauciones protegerán las baldosas porosas (barro cocido no esmaltado) de salpicaduras de líquidos y de los riesgos de manchas de profundidad.

Una última consideración a tener en cuenta: algunos impermeabilizantes aplicados de vez en cuando, sirven para proteger el embaldosado de las manchas, rayas, choques ligeros y también preparan la superficie para un mantenimiento más fácil.

Un impermeabilizante protegerá los materiales porosos, como los de barro cocido.

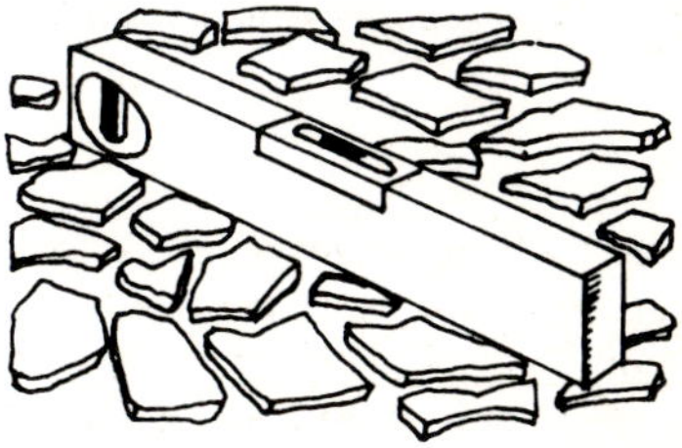

Algunas baldosas rotas (con un cincel y una maceta) se pueden utilizar para formar un mosaico.

Una visita a las tiendas especializadas acabará por aclararle todos estos puntos.

Cambiar una baldosa

¿Una baldosa rota? No es una cosa irremediable, ni tampoco existe la necesidad de colocar una alfombra encima.

Coger un pequeño cincel de albañil y un martillo para despejar completamente el lugar. Atacar el centro e ir hacia los bordes: así no correrá el riesgo de romper las baldosas vecinas. Quitar los trozos y rascar el fondo de la base. Colocar un poco de cola y poner la baldosa nueva.

Por ello, siempre deberá guardar ejemplares de todas las baldosas.

ÍNDICE

TABLA DE MATERIAS